Gym Clerc Lentsolo Yalli

Chimie appliquée de la phosphorylation des fibres lignocellulosiques

Gym Clerc Lentsolo Yalli

Chimie appliquée de la phosphorylation des fibres lignocellulosiques

synthèse et valorisation de fibre pour l'amélioration des propriétés du papier et la fabrication des matériaux ignifuges

Presses Académiques Francophones

Impressum / Mentions légales

Bibliografische Information der Deutschen Nationalbibliothek: Die Deutsche Nationalbibliothek verzeichnet diese Publikation in der Deutschen Nationalbibliografie; detaillierte bibliografische Daten sind im Internet über http://dnb.d-nb.de abrufbar.
Alle in diesem Buch genannten Marken und Produktnamen unterliegen warenzeichen-, marken- oder patentrechtlichem Schutz bzw. sind Warenzeichen oder eingetragene Warenzeichen der jeweiligen Inhaber. Die Wiedergabe von Marken, Produktnamen, Gebrauchsnamen, Handelsnamen, Warenbezeichnungen u.s.w. in diesem Werk berechtigt auch ohne besondere Kennzeichnung nicht zu der Annahme, dass solche Namen im Sinne der Warenzeichen- und Markenschutzgesetzgebung als frei zu betrachten wären und daher von jedermann benutzt werden dürften.

Information bibliographique publiée par la Deutsche Nationalbibliothek: La Deutsche Nationalbibliothek inscrit cette publication à la Deutsche Nationalbibliographie; des données bibliographiques détaillées sont disponibles sur internet à l'adresse http://dnb.d-nb.de.
Toutes marques et noms de produits mentionnés dans ce livre demeurent sous la protection des marques, des marques déposées et des brevets, et sont des marques ou des marques déposées de leurs détenteurs respectifs. L'utilisation des marques, noms de produits, noms communs, noms commerciaux, descriptions de produits, etc, même sans qu'ils soient mentionnés de façon particulière dans ce livre ne signifie en aucune façon que ces noms peuvent être utilisés sans restriction à l'égard de la législation pour la protection des marques et des marques déposées et pourraient donc être utilisés par quiconque.

Coverbild / Photo de couverture: www.ingimage.com

Verlag / Editeur:
Presses Académiques Francophones
ist ein Imprint der / est une marque déposée de
OmniScriptum GmbH & Co. KG
Heinrich-Böcking-Str. 6-8, 66121 Saarbrücken, Deutschland / Allemagne
Email: info@presses-academiques.com

Herstellung: siehe letzte Seite /
Impression: voir la dernière page
ISBN: 978-3-8416-2986-9

Remerciements

Les travaux réalisés dans le cadre de ces manuscrit se sont déroulés au Centre de Recherche sur les Matériaux Lignocellulosiques (CRML) de l'Université du Québec à Trois-Rivières (UQTR) sous la direction du professeur François Brouillette, Ph. D. et la codirection du professeur Simon Barnabé, Ph. D.

Le professeur François Brouillette, anciennement directeur du programme de maîtrise en science et génie des matériaux lignocellulosiques et ex-titulaire de la chaire de recherche CIBA. Professeur titulaire au département de chimie-biologie à l'UQTR, ce dernier m'a accueilli au sein de son laboratoire de chimie de surface au CRML, en m'accordant sa confiance, a dirigé mon travail de recherche, m'a apporté son aide scientifique, son soutien et son expérience tout au long de ces travaux. Je tiens à le remercier à cet effet.

J'associe à ces remerciement, le professeur Simon Barnabé, titulaire de la chaire de recherche en environnement et biotechnologie de la fondation de l'UQTR et professeur titulaire au département de chimie biologie, pour ses conseils, ses encouragements, sa disponibilité dans la bonne conduite de ce projet de recherche qui a mené à ce manuscrit.

Je suis par ailleurs très reconnaissant envers madame Amel Hadj Bouazza pour sa disponibilité et son soutien, et bien entendu pour ses compétences et connaissances en chimie de synthèse organique. Je remercie particulièrement la professeure Rachida Zerrouki de son hospitalité au sein de son Laboratoire de chimie des substances naturelles de l'université de Limoges en France, lors de mon passage au sein de son équipe (été 2009).

Je suis très honoré de la présence du professeur Daniel Montplaisir, titulaire de la chaire de recherche industrielle Kruger sur les technologies vertes et du professeur Bruno Chabot, professeur titulaire au département de génie chimique, comme évaluateurs de ces travaux de recherche. Un grand merci pour leur participation, leurs conseils et l'intérêt porté à mon travail. Je leur exprime ma profonde gratitude.

Je tiens également à exprimer ma sincère reconnaissance envers le professeur Claude Daneault, titulaire de la chaire de recherche du Canada sur la fabrication des papiers à valeur ajoutée et à madame Céline Leduc pour mes prémisses au CRML.

De plus, merci au corps enseignant de l'Université du Québec à Trois-Rivières pour leur soutien académique tout au long de mes études universitaires.

Durant ce travail, des nombreuses personnes, techniciens, ami(es), collègues, m'ont apporté leur aide, aussi bien sur le plan technique que sur le plan humain, je tiens donc à les remercier sincèrement pour leur sympathie et leur soutien.

Enfin, j'exprime un grand merci à mon épouse Biteghe Mimbie Jarria Christelle et mes filles Lentsolo Lyndsay et Lentsolo Logane de m'avoir soutenu moralement et m'avoir redonné le sourire durant les périodes difficiles, de stress vécues tout au long de ce projet, ainsi qu'à mes parents Epemet Pascaline, Lentsolo Omex pour leurs encouragements. Je leurs dédient ce manuscrit.

<<*Les ressources organiques tendent à faire partir du passé de l'humanité,*

Les ressources végétales font partir de l'avenir car elles sont en accord avec les princi-

pes de la chimie verte et d'éco-conceptions>>.

Table des Matières

Liste des Figures

Liste des Tableaux

Liste des Équations

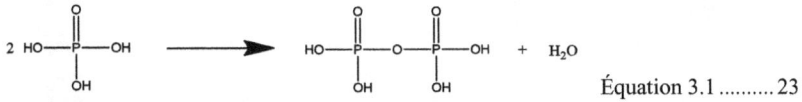

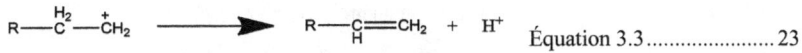

Liste des Abréviations

AGU   Anhydroglucose unit (Unité anhydroglucose)

BC   Cellulose bactérienne

COV   Composé organique volatil

DP   Degré de polymérisation

DSP   Degré de substitution du groupement phosphate

FTIR   Fourrier Transform InfraRed (Infrarouge à transformées de Fourrier)

HAp   Hydroxyapatite

RF   Retardeur de flamme

RMN   Résonance magnétique nucléaire

RMN-^{13}C   Résonance magnétique du carbone

RMN-^{31}P   Résonance magnétique de phosphore

TG   Analyse thermogravimétrique

Chapitre 1 - Introduction

Face aux difficultés que traverse l'industrie papetière, il ne faut pas oublier que la valorisation de la ressource végétale papetière reste dans un certain contexte favorable pour répondre à un enjeu qui touche principalement l'économie, mais aussi l'environnement et la société en général. Car l'industrie des pâtes et papiers est dans une impasse économique majeure due aux nouvelles contraintes du marché, aux prix de plus en plus bas de certains types de papiers, à l'intensité concurrentielle croissante et à l'augmentation du prix du pétrole, à l'arrivée de l'informatique etc. De plus, tout ceci est associé à la crise économique. Ce nouvel environnement affaiblit la situation économique des usines papetières canadiennes. En 2011, la presque totalité (Domtar étant la seule exception) des entreprises canadiennes de l'industrie forestière et papetière ont vu leur capitalisation boursière diminuer [1]. Il est donc indispensable d'identifier les voies possibles de redéploiement pour cette industrie afin de définir un plan d'affaires plus adapté à la nouvelle donne du marché tout en conservant et préservant l'activité phare, la production de pâtes et papiers.

C'est la raison pour laquelle, dans le cadre de cette étude, nous essaierons de démontrer le potentiel des fibres kraft modifiées par phosphorylation pour de nouveaux usages : une application traditionnelle liée à la prévention du peluchage en impression offset et une nouvelle application dans les matériaux ignifuges. L'utilisation des fibres phosphorylées comme matériel de base pour d'autres types de modifications chimiques sera aussi abordé.

L'industrie des matériaux ignifuges fait actuellement face à une problématique environnementale liée aux principes d'écoconception mais surtout d'éco-compatibilité, car la protection de l'écosystème environnant ainsi que l'étude du cycle de vie des produit lors de leur conception sont des paramètres cruciaux à prendre en compte afin d'éviter la pollution à grande échelle. En effet, les fabricants de matériaux ignifuges ont longtemps utilisé et continuent d'utiliser des produits non biodégradables à base de composés halogénés qui sont considérés comme toxiques et nocifs pour l'environnement et l'humain.

L'utilisation des retardeurs de flamme à base de phosphore éco-compatible et de polymères naturels biodégradables demeure une alternative intéressante à explorer pour pallier à ces contraintes. Ceci hisse l'industrie papetière au premier plan pour le dévelop-
pement de ces matériaux car elle détient la ressource adéquate.

De plus, les produits que nous nous proposons de synthétiser sont des phosphates de
fibres kraft, qui par une réaction d'estérification subséquente avec des alcools à longues
chaines, pourraient fournir une fibre non seulement antiadhésive mais qui devrait aussi
permettre de résoudre la problématique de l'arrachage des fibres à la surface du papier en
impression conventionnelle. Cette problématique d'arrachage constitue donc une des
prémisses importantes de nos travaux.

Mais, dans un second plan, ces précurseurs que nous allons synthétiser (esters de phosphates de pâtes kraft) vont également servir comme matériaux de base pour l'industrie
des matériaux ignifuges (panneaux agglomérés) et pour la fabrication des composites
ignifuges utilisés dans l'industrie de la construction. Ils serviront aussi pour la fabrication de papiers spécialisés pour l'industrie papetière, possédant des propriétés de résistance à la flamme ou d'ultra-absorbance, ou pour d'autres secteurs connexes. Ceci nous
amène à définir de façon brève l'objectif de nos présents travaux qui est de préparer la
cellulose et la fibre kraft phosphorylée afin de l'utiliser plus tard comme précurseurs
pour la réaction d'estérification. Nous apporterons dans la suite de ce manuscrit plus de
précisions quant à nos objectifs généraux et spécifiques.

Chapitre 2 - Fondements théoriques et généralités

2.1 La cellulose et sa modification

Plusieurs dérivés de la cellulose ont déjà été synthétisés, notamment les esters d'acides organiques et inorganiques, les éthers et plusieurs copolymères. Seulement quelques-uns d'entre eux, cependant, sont disponibles commercialement : le nitrate, le xanthate et l'acétate de cellulose. Les différents types de modification de la cellulose sont répertoriés sur la Figure 2.1. Il est possible d'effectuer sur la cellulose toutes les modifications applicables aux alcools primaires (C-6) et secondaires (C-2, C-3), aux liaisons cétal (C-2, C-3), aux liaisons éthers (liaisons β-(1-4)) et, à un moindre niveau, aux fonctions aldéhydes (extrémité réductrice du polymère). [2] Dans la suite de ce document, nous nous consacrerons à la réaction d'estérification de la cellulose, plus précisément la phosphorylation de la cellulose.

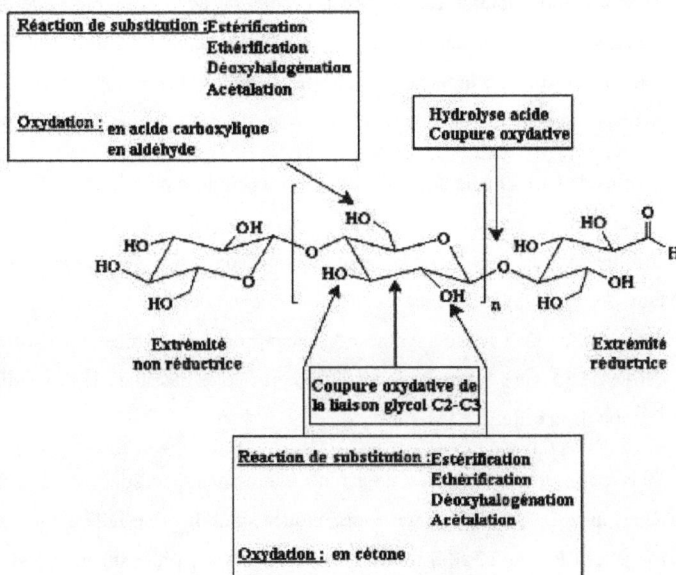

Figure 2.1   Voies réactionnelles de la cellulose [2]

2.1.1 Le traitement du matériel cellulosique

La cellulose est un homopolymère linéaire polydispersé, comme on a pu l'observer à la Figure 2.1, affichant une régio- et énantiosélectivité des liaisons β-1,4-glycosidique des unités D-glucose appelées unités anhydroglucose (AGU). Le polymère contient trois fonctions hydroxyles réactives, en position C-2, C-3 et C-6 des atomes de carbones, lesquelles sont, en général, accessibles aux conversions typiques des alcools primaires et secondaires. [3]

Au regard de sa tacticité et de la distribution uniforme des groupements hydroxyles, le système ordonné des liens hydrogènes forme différents types de structures supramoléculaires semi-cristallines. L'importance de l'accessibilité comme facteur affectant la réactivité de la cellulose est maintenant largement reconnue. Le comportement chimique de la cellulose est non seulement attribué à la cristallinité mais également au système de réseaux des ponts hydrogènes qui régissent sa structure. Une autre conséquence majeure de la structure supramoléculaire est l'insolubilité de la macromolécule dans l'eau aussi bien que dans les solvants organiques usuels. Cette propriété de la cellulose a stimulé et continue de stimuler la recherche dans la quête de solvants appropriés pour les réactions en phase homogène, lesquelles sont des voies de synthèse non conventionnelles. [3]

De plus, la nécessité de la modification de la cellulose pour fournir une voie de son utilisation dominante dans les matériaux à base de polymères continue de stimuler la recherche dans cet axe. La découverte de nouveaux solvants et des complexes de dissolution de la cellulose dans les trois dernières décennies a créée des opportunités d'application de voies de synthèse beaucoup plus diversifiées pour différents types de dérivés. La Figure 2.2 présente les différentes voies possibles de dissolution et de modification de la cellulose. [3]

Mais, parmi toutes ces voies, nous nous intéressons spécifiquement à la famille des systèmes avec les sels d'hydrates inorganiques solubilisés en milieu aqueux, encerclée en rouge à la Figure 2.2, qui tout dernièrement ont reçu une attention particulière grâce à leur pouvoir de gonflement et de dissolution de la cellulose sans pour autant dans certaines mesures entrainer une modification structurelle ou chimique de cette dernière.

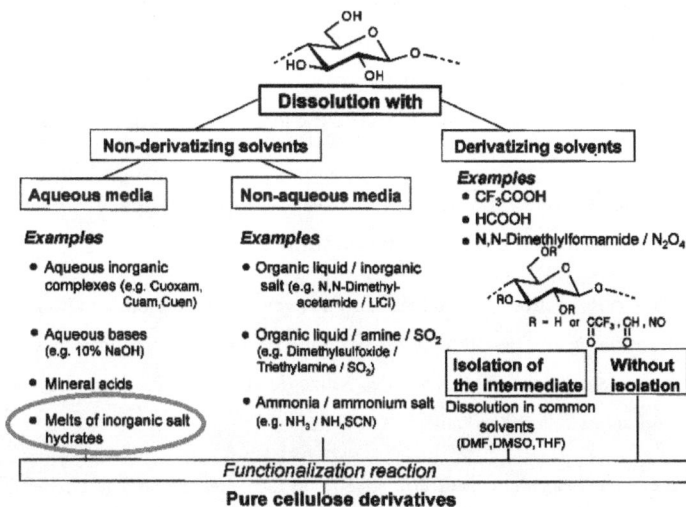

Figure 2.2 **Milieux solvants pour la dissolution et la modification de la cellulose [3]**

2.1.2 Gonflement et dissolution du matériel cellulosique

La dissolution d'un polymère est un processus lent qui se déroule en deux étapes : premièrement le solvant diffuse à l'intérieur du polymère pour le gonfler. Le processus ne s'arrête à cette étape que si la force des liaisons (polymère-polymère) intermoléculaires est haute à cause de la cristallinité, des fortes liaisons hydrogènes ou des réticulations. Cependant, si ces forces peuvent être surmontées par des fortes interactions polymère-solvant, la seconde étape de dissolution peut avoir lieu avec une dépolymérisation (désintégration) graduelle du gel dans une vraie solution.

Beaucoup de réactifs sont capables de gonfler la cellulose, en ne pénétrant que les zones amorphes, ainsi ne causant seulement que le gonflement intercristallin. D'autres réactifs peuvent pénétrer complètement la cellulose, causant ainsi le gonflement à la fois des régions intercristallines et intracristallines. L'eau ne peut pénétrer les zones cristallines de la cellulose. C'est l'une des raisons qui oriente nos choix vers l'utilisation d'une solution aqueuse de chlorure de lithium afin de favoriser la pénétration des réactifs phosphorylants dans les régions cristallines par conséquent de favoriser une meilleur diffusion des réactifs de modification de la cellulose lors des réactions subséquentes.

2.2 Les esters de phosphate de cellulose et les autres dérivés de la cellulose contenant du phosphore

Dans cette section, nous allons faire une revue générale des conditions réactionnelles, des voies de synthèse, des propriétés du produit et de certains domaines d'application des esters de cellulose phosphatée, des points de vue scientifiques et pratiques, sans la prétention que cela soit exhaustif.

L'élément phosphore peut être attaché de façon covalente à la chaine de cellulose en faisant réagir les groupes hydroxyles pour donner :

- Les groupes phosphates Cell-O-P(O)(OH)$_2$

- Les groupes phosphites Cell-O-P(OH)$_2$

- Les groupes acides phosphoniques Cell-P(O)(OH)$_2$

La plupart des réactions impliquées ne sont pas encore très claires quant à leur cours et leur mécanisme, ainsi que le mode de substitution. Les produits obtenus sont fréquemment insolubles en raison de la réticulation et sont assez mal définis, puis sont souvent caractérisés par seulement leur contenu en phosphore.

Les plus fréquemment employés sont les dérivés de phosphore pentavalent, c'est-à-dire H$_3$PO$_4$, P$_2$O$_5$, et POCl$_3$. Comparativement aux composés de soufre hexavalent, ces agents phosphorylants, habituellement conduisant à des phosphates de cellulose anioniques, montrent une faible réactivité en estérification et conduisent à beaucoup moins

7

de dégradation des chaines durant ce processus. Une particularité de la phosphorylation de la cellulose par les agents mentionnés ci-dessus, est qu'ils ont une tendance à former des chaînes latérales d'oligophosphates, aboutissant fréquemment à la réticulation entre les chaînes de cellulose, et ainsi empêchent la solubilisation des produits.

La phosphorylation de la cellulose est réalisée soit par réaction sur les groupes hydroxyle du polymère d'origine, ou d'un dérivé d'un éther de cellulose ou d'un ester déjà formé. Dans tous les cas, la réaction débute généralement dans un système hétérogène, ou qui emploie une solution de cellulose dans un système de solvants. Dans ce dernier cas un système homogène est généralement préférable afin d'arriver à des produits solubles. Des schémas de substitution régiosélective peuvent en principe être réalisés le long de ces deux voies.

Comme produits de la réaction, des dérivés anioniques de cellulose sont habituellement obtenus avec les agents phosphorylants mentionnés ci-dessus en solution homogène ou hétérogène. Leur solubilité complète dans l'eau ou en solution aqueuse alcaline est, cependant, l'exception à la règle, comparativement à la synthèse de sulfate de cellulose; en raison de la réaction de réticulation mentionnée ci-dessus. De plus, elle nécessite des procédures spéciales pour la réaction elle-même et pour la purification et l'isolation subséquente du produit. Les applications de la phosphorylation de la cellulose déjà pratiquées sont la préparation de cellulose basée sur les échangeurs de cation, la résistance à la flamme des fibres textiles cellulosiques etc. [4]

2.3 Les réactions de la cellulose avec les systèmes phosphorylants

Il existe différentes voies de synthèses des composés de phosphore de cellulose dépendamment du type de composés de phosphore et de cellulose utilisés.[4] Nous les avons classés selon les groupes suivants : les systèmes phosphorylants usuels, les systèmes phosphorylants non usuels et les réactions des dérivés de la cellulose avec les systèmes phosphorylants. Les deux dernières classes ne seront pas traitées dans cette section, nous nous attarderons sur les systèmes phosphorylants usuels, qui sont les plus communs et les plus utilisés.

2.3.1 Les systèmes phosphorylants usuels

L'acide phosphorique hautement concentré ou exempt d'eau a été largement utilisé comme agent phosphorylant efficace, et une variété de procédures ont été reportées pour la préparation des phosphates de cellulose, aussi bien solubles qu'insolubles, avec des contenus en phosphore d'environ 10 %. Selon Touey [5], des phosphates de cellulose solubles dans l'eau avec des degrés de polymérisation assez élevés peuvent être préparés avec H_3PO_4 en absence d'eau. Pour l'augmentation de la réactivité de la phosphorylation, des mélanges d'H_3PO_4 avec P_2O_5 ont été employés. Comme on pouvait s'y attendre, le degré de substitution des atomes de phosphore augmente avec le ratio molaire du réactif par AGU et le temps de réaction, mais la dégradation de la chaine est aussi augmentée.

Les phosphates de cellulose hydrosolubles ont été synthétisés dans un système ternaire de H_3PO_4, P_2O_5 et DMSO, mais il en a résulté une sévère dégradation de la chaine à un DP assez bas d'environ 200, avec la cellulose de coton comme matériel de départ. De plus, les phosphates de celluloses ont également été synthétisés avec des systèmes ternaires de H_3PO_4, P_2O_5 et des alcools aliphatiques de 4 à 8 atomes de carbones pour des applications diversifiées. D'autre part, la cellulose et la chitine ont également été phosphorylées par ce dernier système ternaire aboutissant à des produits avec un pourcentage en phosphore au-dessus de 6 %, correspondant à un DS_P inférieur à 0,2. [4-8]

La réaction de la cellulose avec une solution bouillante d'H_3PO_4 et d'urée résulte en la formation d'un produit soluble, mais fortement dégradé, de sel de monoammonium monophosphate de cellulose.

Le même système a été employé par Nehls et Loth [9] à une basse température de 120°C pour la phosphorylation de grains de cellulose et de la cellulose en poudre hautement gonflable. Cependant, cette réaction laisse entrevoir des produits insolubles dans l'eau avec des valeurs de DS_P entre 0,3 et 0,6. Le contenu en azote de ces phosphates de cellulose était très bas, de l'ordre de 0,1 % à 0,2 %. Une substitution très préférentielle en C-6 peut être observée grâce au spectre RMN-^{13}C. Un contenu en phosphore significativement plus haut que celui correspondant au DS_P calculé à partir du spectre RMN-^{13}C indique la formation d'oligophosphates de cellulose, lesquels à l'évidence forment des réticulations qui entravent la solubilité du produit.

Une liaison hydrogène stabilisée, complexe, entre l'H_3PO_4, l'urée et la cellulose (Figure 2.3) est suggérée comme l'état de transition dans cette phosphorylation de la cellulose. La Figure 2.4 présente l'équation de la réaction du mécanisme proposé pour la synthèse des esters de phosphates de cellulose.

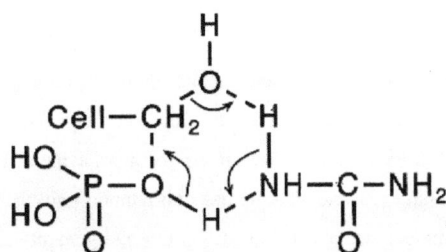

Figure 2.3   **État de transition de la réaction de phosphorylation de la cellulose**

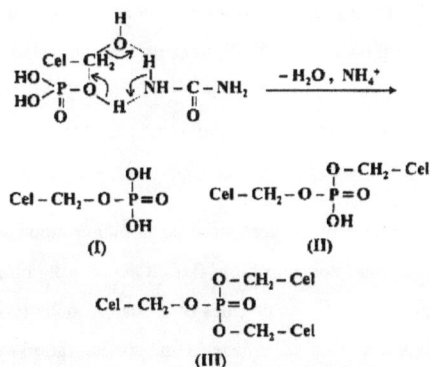

Figure 2.4   **Mécanisme proposé pour la réaction de synthèse des esters de phosphates de cellulose [15, 21]**

De plus, les fibres de viscose, de coton et de pâte kraft ont été estérifiées avec des solutions aqueuses d'acide phosphorique et d'urée à différent ratios des réactifs. [10, 11, 12] Il a été démontré que la phosphorylation de la cellulose avec ces solutions a mené à la formation de phosphates de cellulose avec des processus de formation secondaires de carbamates de cellulose qui prennent place au fur et à mesure de l'accumulation des groupes phosphates. D'autre part, une diminution de la force mécanique des préparations de la cellulose phosphorylée a été observée et le degré de diminution était une fonction de la concentration de l'acide orthophosphorique et de l'urée comme solution de phosphorylation.

Les fibres de viscose contenant du phosphore (jusqu'à 0,5 mmol/g de groupes phosphates) obtenues dans les solutions d'acides phosphoriques et d'urée avec une concentration de 0,25-0,63 et 3,33-4,17 M respectivement avaient les propriétés mécaniques les plus satisfaisantes et une stabilité dans un tampon phosphate de pH 7,5. Les propriétés physicochimiques des phosphates de cellulose largement substitués ont déjà été caractérisées [13]. Les fibres modifiées sont successivement lavées avec une solution d'acide chlorhydrique à 0,1N suivi par un lavage abondant à l'eau et séchées. En outre, il a été observé que le contenu des groupes phosphates dans les échantillons estérifiés augmente brusquement de 0,04 à 0,5 mmol/g (soit un DS_P de 0,01-0,08) dans l'intervalle de concentration d'acide orthophosphorique de 0,06 à 0,63 M. Une nouvelle augmentation de la concentration en acide à 1,44 M affecte la teneur en phosphore dans les échantillons obtenus à un moindre degré.

La concentration en urée affecte aussi de la même façon le degré d'estérification de la cellulose. Pour une concentration fixe d'acide orthophosphorique dans la solution aqueuse, l'augmentation des groupes phosphates contenus dans les fibres est une fonction de la concentration d'urée, jusqu'à une concentration optimale de 3,33 M. Ceci peut être attribué à une augmentation dans l'accessibilité de la structure de la cellulose. Mais à une haute concentration d'urée dans la solution d'estérification, le contenu en phosphore dans les fibres ne change pas. [10]

Il est connu que le degré de gonflement de la cellulose prétraitée avec des solutions aqueuses d'urée dans l'eau est supérieur à celui de la cellulose non traitée. Ceci est dû à une décomposition partielle du système de liaisons hydrogènes dans la fibre initiale et une augmentation dans le nombre de groupes hydroxyles dans le lien plus faible de l'hydrogène. En outre, l'urée est un catalyseur de la phosphorylation de la cellulose. La décomposition de l'urée dans l'étape de traitement par chauffage avec libération d'ammoniac cause l'accumulation de phosphates d'ammonium dans le polymère, lequel est un agent phosphorylant plus actif que l'acide phosphorique comme indiqué dans lors d'études antérieures [14,15]. La synthèse du produit de réaction est représentée à la Figure 2.5.

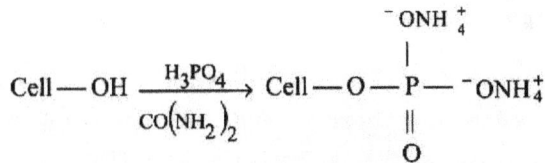

$$Cell\!-\!OH \xrightarrow[CO(NH_2)_2]{H_3PO_4} Cell\!-\!O\!-\!\underset{\underset{O}{\|}}{\overset{\overset{^-ONH_4^+}{|}}{P}}\!-\!{}^-ONH_4^+$$

Figure 2.5   Sel d'ammonium de monoester de phosphate des fibres de viscose

Les esters de phosphate de cellulose obtenus par estérification des fibres de viscose avec l'acide orthophosphorique en présence d'urée et lavés avec l'acide chlorhydrique pour déplacer les cations ammonium constituant 1,0 % à 1,1 % du poids de l'azote lié, en raison de l'apparition de la réaction parasitaire de la formation de carbamate de cellulose comme montré la Figure 2.6, étaient obtenus:

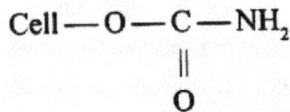

$$Cell\!-\!O\!-\!\underset{\underset{O}{\|}}{C}\!-\!NH_2$$

Figure 2.6   Produit secondaire de la réaction de phosphorylation

Le rendement maximum de l'estérification est ainsi observé à une concentration d'acide orthophosphorique et d'urée dans la solution d'estérification dans l'intervalle de 0,25-0,63 et de 0,83-3,33 M respectivement. Lorsque de telles solutions sont utilisées pour imprégner les matériaux de cellulose à un ratio de 1 : 5 à 1 : 20 suivi d'un traitement thermique durant 60 minutes à 418±2K, des fibres contenant jusqu'à 0,5 mmol/g de groupes phosphates peuvent être obtenues. [10]

D'autres études ont permis de phosphoryler la cellulose, la chitine, le coton et les fibres de chitines avec l'acide phosphorique et l'urée dans le DMF afin d'utiliser ces produits comme des adsorbants pour la formation des liens avec des protéines morphogénétiques dans des applications biomédicales.[16, 17, 18] Des particules de celluloses ont été également synthétisées par estérification de la cellulose avec un mélange d'acide orthophosphorique et d'urée à la température de la pièce en utilisant la méthode suggérée par Arslov et al. [19] Ces produits ont été utilisés pour les études des fluides électrorhéologiques pour des applications d'ingénierie. [20, 21, 22]

Des polysaccharides naturels tels que la cellulose et le chitosane ont été utilisés dans plusieurs domaines pour créer des matériaux à cause de leurs propriétés uniques : non toxicité, biocompatibilité, biodégradabilité, hydrophilicité, et adsorption. Mais récemment, la cellulose produite par la bactérie a attiré l'attention pour son potentiel dans la préparation des matériaux avancés. Plusieurs bactéries représentées par l'Acetobacter xylinum, synthétisent la cellulose extracellulaire appelée cellulose bactérienne (BC). La structure primaire de la BC est similaire à la grande cellulose végétale : un polymère non branché des résidus de pyranose liés par des liaisons β-1→4. Cependant, la structure fibreuse de la BC est différente de celle de la cellulose végétale. La BC est composée de microfibrilles, qui ont une structure en forme de ruban (feuillet), et l'épaisseur est de deux ordres de grandeur plus faible que celle de la cellulose des plantes. En outre, les microfibrilles conservent une structure fine en réseau. À cause de cette macrostructure caractéristique, la BC a différentes propriétés avantageuses, telles qu'une résistance élevée à la traction, élasticité, une grande surface etc. En raison de ses caractéristiques uniques, la BC a attiré l'attention comme un nouveau matériau industriel dans les récentes années. Le papier contenant la BC montre une meilleure adhésion chimique et une résistance à la traction. Sur la base de son élasticité, la feuille de BC est maintenant utilisée comme membrane sensible pour les casques stéréo. Dans le secteur médical, la BC est utilisée comme peau artificielle pour la thérapie. [25]

Récemment, la BC a été phosphorylée préférentiellement en C-6 avec l'acide phosphorique et l'urée dans le DMF, les produits obtenus avaient des pourcentages en phosphore variant de 10 % à 21,8 % comparativement à la cellulose végétale (7,3 %). Ces produits ont été synthétisés pour des applications biomédicales comme adsorbant pour les ions métalliques. [7,23,24] La cellulose bactérienne a été également phosphorylée avec l'acide phosphorique et l'urée dans le DMF dans le but d'utiliser le produit de la réaction dans des applications biomédicales afin d'induire une activité biomimétique de l'HAp (hydroxyapatite) sur la cellulose phosphorylée via des interactions ioniques avec le calcium similaires à celles rapportées par les autres recherches concernant la minéralisation du coton, du chitosane et de la chitine. [25, 26]

L'oxychlorure de phosphore ($POCl_3$) est connu comme un agent phosphorylant efficace pour la cellulose à partir de nombreuses études, à partir d'une cellulose en suspension dans du DMF ou de la pyridine, ou d'une solution de cellulose dans un système de solvant. Habituellement, seulement des produits partiellement solubles sont obtenus par les procédures décrites, et la phosphorylation est fréquemment accompagnée par une chloration excessive, c'est-à-dire la formation d'entités désoxycellulose. Selon Vigo et Welch [27], les composés immidinium peuvent être formés dans les systèmes contenant du $POCl_3$ ou PCl_3 et du DMF, lesquels favorisent la chloration de la cellulose, comme illustré à la Figure 2.7.

Comme démontré par Wagenknecht et al. [28] lors de leur étude sur l'action de PCl_5, $POCl_3$ et PCl_3 sur la cellulose dans le formamide et le diméthylformamide comme solvant, la phosphorylation a donné des produits partiellement solubles et considérablement dégradés avec des valeurs de DS_P d'environ 0,3. Cette réaction était accompagnée d'une chloration excessive, avec un degré de substitution des atomes de chlore (DS_{Cl}) de 0,7 dans le DMF. Par contre, les produits obtenus dans le formamide ne contiennent seulement qu'une très petite quantité de chlore ($DS_{Cl} < 0,05$). Le problème de la phosphorylation et de la chloration simultanée de la cellulose par le POCl₃ a été extensivement étudié par Zeronian et al. [29] avec des paramètres variés de la réaction.

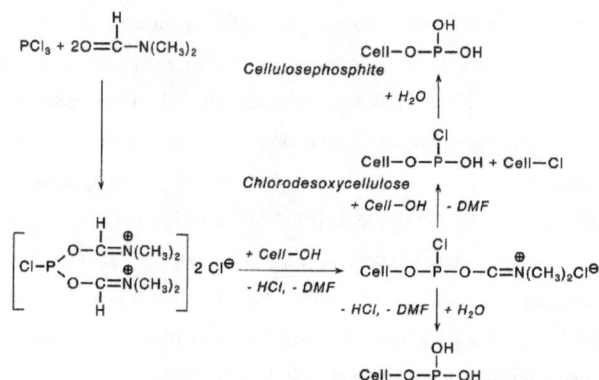

Figure 2.7   Phosphorylation de la cellulose avec POCl₃ ou PCl₃ et l'urée [4]

La réaction de la cellulose dissoute dans des systèmes non dérivants tels que le *N*-méthylmorpholine-*N*-oxyde (NMMNO), LiCl/acide hexaméthylphosphorique triamide (HMPT) ou diméthylacétamide (DMA) /LiCl résulte en une coagulation spontanée et assez inhomogène des produits de la réaction contenant du phosphore aussi bien que du chlore qui sont partiellement solubles dans l'eau et assez fortement dégradés. Comparé aux suspensions de cellulose habituelles qui sont hétérogènes, ces systèmes initialement homogènes ne montrent pas d'avantages si la préparation de phosphates de cellulose solubles à haut poids moléculaire est attendue. [4]

2.3.2 Rôle de l'urée ou des composés azotés lors de la phosphorylation

Sachant que l'urée était en mesure de fournir de l'azote pour la formation du complexe (voir Figure 2.3) lorsqu'aucun autre composé azoté était présent, il est évident que l'acide phosphorique et l'urée avaient réagi pour former un certain composé spécifique, lequel avait la propriété de se combiner facilement avec la cellulose. Cette hypothèse a été rapidement rejetée en raison de la grande variation des conditions dans lesquelles la réaction d'ignifugation pouvait être amenée à se produire. Par exemple:

- Des mélanges contenant de l'urée et de l'acide phosphorique dans des conditions particulières ont conduit à un produit avec des propriétés de résistance à la flamme lorsque appliqué au tissu de coton.

- D'autre part, lorsque 4 moles d'urée et 1 mole d'acide phosphorique à 85 % étaient chauffées à un rendement constant d'apport de chaleur, la température augmentait de façon irrégulière et plusieurs observations étaient notées à différentes températures : formation d'un liquide clair, suivi d'un dégagement de CO_2, puis plus tard à une plus haute température formation du NH_3 à pH 7,5.

- Sauf qu'au-delà de 200°C, on notait une perte efficace de l'ignifugation qui était accompagné de la formation d'un solide blanc (probablement de l'acide cyanurique).

- Une réaction exothermique avait été observée aux environs de 140°C, suivie d'une augmentation brusque de la température à 150°C, lorsqu'une mole d'urée était prise. Le produit résultant était un liquide gommeux avec un pH de 5,7. En revanche, une solution aqueuse de ce liquide donne un tissu ignifuge et sévèrement tendu, une fois appliqué à ce dernier. Puis lorsque plusieurs moles supplémentaires étaient ajoutées à la solution de traitement, l'ignifugation habituelle, accompagnée d'une perte de force était obtenue.

D'après les observations ci-dessus, il semblerait évident qu'il y a plusieurs produits plus ou moins distincts qui sont obtenus à partir de l'urée et de l'acide phosphorique, dépendamment des conditions réactionnelles, et pourtant la combinaison avec la cellulose pourrait facilement être obtenue dans tous les cas.

Par conséquent, l'hypothèse selon laquelle un certain composé urée-acide phosphorique a été formé avant la réaction avec la cellulose pourrait se produire a été rejetée.

D'autre part, Davis, Findlay et Rogers [30] avaient depuis isolé le diammonium pyrophosphate du produit de fusion de l'urée et de l'acide phosphorique, in vitro à 175°C. Ils ont conclu que ce dernier est l'agent estérifiant actif. Mais lorsqu'un tel composé est mélangé à la cellulose en présence d'urée supplémentaire, il n'a pas été prouvé qu'il s'agisse du seul intermédiaire ou, en fait, qu'un quelconque intermédiaire était nécessaire.

La deuxième possibilité, que l'urée a agi comme une sorte de catalyseur, semblait également peu probable, à cause des quantités inhabituellement élevées requises pour obtenir des résultats optimaux.

Une troisième possibilité est que l'urée a servi simplement comme tampon alcalin, cette hypothèse a également été rejetée lorsqu'aucune autre base faible ou alcaline faible n'était capable de la substituer efficacement à n'importe quelle concentration ou pH.

Le quatrième et plus logique point de vue est de considérer l'urée comme un milieu solvant dans lequel la réaction de l'acide avec la cellulose a lieu. Cette trouvaille était motivée par le fait que la température de la réaction avait dépassé le point de fusion du mélange urée-acide (125°C) et que les matières cellulosiques imprégnées avec le mélange restaient généralement humide et plastique lorsque mises dans le four à cuisson. Par ailleurs, lorsque les conditions de cuisson étaient trop sévères, le tissu était cuit et complètement sec, la dégradation des fibres était excessive. Cette croyance que l'urée puisse servir de milieu solvant est partagée par d'autres chercheurs. [31]

A partir des considérations purement théoriques, comme il l'a été souligné par Coppick et Hall [32], l'urée est un composé idéal à cet effet. C'est un agent gonflant de la cellulose ; il contient des forts groupes de liaisons hydrogènes; il est fluide entre 140°C et 160°C et c'est un solvant pour l'acide phosphorique. Ainsi il permet à l'acide de pénétrer la cellulose et en même temps, tend à tamponner son action de telle sorte que la cellulose ne soit pas sévèrement dégradée. Curieusement, bien que l'urée et l'acide phosphorique soient connus depuis fort longtemps, personne n'avait pensé à les utiliser de cette manière, jusqu'à ce que la réaction ait été découverte expérimentalement. [31] D'autre part, l'urée est également considérée comme un agent chaotropique capable de rompre les ponts hydrogènes contenus dans la cellulose, au même titre que le chlorure de lithium et

bien d'autres composés. D'autres systèmes non usuels de phosphorylation de la cellulose
dont nous ne traiterons pas ici sont également connus. [4]

2.3.3 Les propriétés des esters de phosphate de cellulose

L'attachement des atomes de phosphore à la chaine de cellulose diminue significativement l'inflammabilité des fibres de cellulose. Cet effet est dû à la formation réduite de
substances volatiles inflammables lors de la dégradation thermique. Ce ralentissement de
la flamme est encore augmenté par la présence d'atomes de chlore fréquemment intro-
duits dans les réactions secondaires de la phosphorylation telles que les unités chlorodé-
soxycellulose.

Par l'introduction des groupes phosphates anioniques dans la molécule de glucose, les
propriétés d'échangeur de cation sont transmises au polymère et son hydrophilicité est
améliorée. La forme H^+ du groupe phosphate montre seulement une acidité modérée et
peut être stockée pendant un certain temps sans une importante rupture hydrolytique de
la chaine, contrairement au sulfate de cellulose. À un DS_P au-dessus de 0,2, les phosphates de sodium de cellulose peuvent être solubilisés, mais ne doivent pas nécessairement être solubles dans l'eau ou dans les solutions aqueuses alcalines. Comme il a été
démontré, spécialement par les phosphates de cellulose substitués régiosélectivement
préparés via les acétates de celluloses, le site de substitution est aussi pertinent pour la
solubilité du produit final. Les produits substitués en C-6 ont montré une meilleure solubilité. Avec les phosphates de sodium de cellulose, des solutions de très hautes viscosités
peuvent être obtenues si la dégradation excessive des chaines durant l'estérification est
évitée. Probablement, les fortes interactions intermoléculaires via les groupes phosphates
et/ou des chaines latérales des oligophosphates contribuent à cette haute viscosité. [4]

Chapitre 3 - Les applications des phosphates de cellulose

La phosphorylation des fibres de celluloses est employée pour transmettre un caractère ignifuge (ininflammabilité) aux fibres textiles cellulosiques à usages spéciaux, essentiellement techniques, en tenant compte de certaines détériorations mécaniques du textile et de leur manutention. Les particules de cellulose de différentes tailles et formes, portant des groupes phosphates, trouvent une large application comme échangeurs de cations faibles, en particulier dans les procédés de séparation biochimique. Les phosphates de cellulose ont été recommandés comme améliorateurs de viscosité et épaississants dans des systèmes aqueux, considérant la non-toxicité de ces produits, qui est un avantage. Les phosphates de cellulose substitués régiosélectivement (en position C2 et C3) ont été récemment utilisés pour inhiber l'activation des protéines du sang préjudiciables en hémodialyse après incorporation dans les membranes d'hémodialyse. Des études récentes ont utilisés les esters de phosphates de cellulose produits à partir de la réaction de l'acide phosphorique avec l'urée pour traiter l'hypercalciurie à cause de son habilité à lier le calcium. Ils ont aussi été utilisés pour le traitement des calculs rénaux. Les esters d'acide phosphorique de cellulose préparé à partir d'un carbamide et de l'acide phosphorique sont des substances biologiquement actives qui sont spécialement appropriés pour des utilisations en médecine par exemple pour stabiliser et préparer du lait déionisé. [4,33,34].

Dans la suite de ce chapitre nous discuterons des deux applications qui motivent le présent travail de recherche soit les possibilités d'utilisation des esters de phosphates de fibres lignocellulosiques comme matrice pour pallier à la problématique de l'arrachage en impression offset et de leur utilisation potentielle comme matériaux ignifuges.

3.1 Contrôle du peluchage en impression offset

L'industrie de l'impression au Canada compte près de 8 500 établissements et 90 000 employés, ce qui la place comme quatrième employeur au Canada. Le secteur de l'impression contribue à hauteur de 5 G$ au PIB canadien. [35]

La Figure 3.1 montre que le procédé offset va demeurer le processus d'impression conventionnelle dominant à l'échelle mondiale car pratiquement la moitié (47,7 %) des volumes imprimés dans le monde en 2010 utilisent toujours préférentiellement ce procédé, comparativement aux autres procédés tels que la flexographie, la gravure, le numérique et les autres procédés. [36]

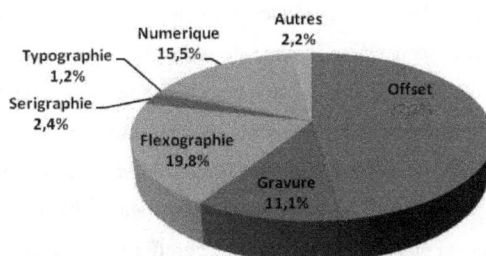

Figure 3.1   Prédiction pour l'année 2010 de la part relative des processus d'impression [36]

D'autre part, il faut noter que l'industrie de l'impression connait différents problèmes liés à l'arrachage des fibres à la surface du papier. Cet arrachage se traduit par une séparation des fibres, libres (poussiérage), faiblement liées (peluchage) ou arrachées (délamination) au papier sous l'effet de la viscosité des encres et de la succion au blanchet. Lorsqu'il devient excessif, l'arrachage se traduit par une accumulation des fibres arrachées au blanchet produisant des problèmes de dépôts et une réduction de la qualité de l'image, ainsi qu'une baisse de l'imprimabilité du papier et de productivité de la presse. En d'autres termes l'arrachage entraine des grandes pertes économiques, liées au rejet de papiers. Plus encore, le problème d'arrachage ou d'accumulation des fibres au blanchet implique l'arrêt des presses pour un éventuel nettoyage avec des produits organiques volatils (COV), qui sont très nocifs pour l'environnement. [37]

Bien que le problème d'arrachage des fibres à la surface du papier lors des processus d'impression soit attribué à une mauvaise adéquation entre l'eau, le collant ou « tack » des encres et le support, il ne faut pas perdre à l'esprit que la nature même du papier est un autre facteur à fortement considérer. D'autre part, il faut noter que les esters de phosphate ont servi d'agent de relâche dans le passé dans l'industrie papetière pour éviter le collage aux presses du papier.

De ce fait, nous avons donc pensé à utiliser les esters de phosphates comme agents antiadhésifs, en les introduisant dans la masse lors de la fabrication du papier, afin de limiter l'arrachage des fibres généralement rencontré en impression. De plus, les travaux antérieurs réalisés par notre groupe de recherche nous ont permis de constater que les esters de phosphates permettent de réduire effectivement l'arrachage à un taux de près de 40%. [38] Par contre, ces travaux ont aussi identifié comme problématique le taux de rétention de l'ester de phosphate sur la fibre. Ceci a été attribué à la non maîtrise des conditions opératoires (dureté de l'eau, température, pH, etc.), ce qui nous a amené à poser ce nouvel objectif général qui est de greffer l'ester de phosphate directement sur la fibre de façon covalente afin de connaître le taux d'ester greffé et de contrôler la variabilité de l'arrachage corrélée aux taux de greffage des groupements phosphates sur la fibre.

Pour ce faire les premiers travaux qui seront entamés dans ce mémoire, qui consistent à greffer tout premièrement les groupements phosphates sur la fibre restent l'objectif principal de ce mémoire. Ces travaux permettront d'évaluation de la faisabilité de la réaction de phosphorylation sur la cellulose et la pâte kraft (avec quantification des groupements phosphates greffés), d'évaluer les propriétés de la fibre modifiée (propriétés papetières, ultra-absorbance ou hydophilie de la fibre, résistance à la flamme etc.) et caractériser les matériaux modifiés. Les travaux futurs, qui ne seront pas abordés dans ce mémoire, qui sont de greffer par une réaction subséquente des alcools à longue chaine sur la fibre phosphatée afin de conférer les propriétés antiadhésives et d'améliorer l'ignifugation par un effet plastifiant, permettront de pallier à nos objectifs généraux, qui sont, la réduction de l'arrachage rencontré en impression et de conférer les propriétés de résistance à la flamme à la fibre kraft modifiée.

3.2 Matériaux ignifuges

Dans cette partie nous allons essentiellement passer en revue l'application d'esters de phosphate comme retardeurs de flamme (RF) dans des matériaux ignifuges afin de montrer qu'également les ester de phosphate de cellulose que nous synthétisons peuvent être utilisés pour cette application. Nous allons aussi discuter brièvement d'autres types de RF existants afin de poser les bases de l'utilisation potentielle de l'ester de phosphate de cellulose comme produit ou additif retardeur de flamme.

Il faut retenir que les matériaux grâce à leurs propriétés physico-mécaniques très variés, en l'occurrence les matériaux plastiques, connaissent depuis plus d'un siècle un essor important. Cependant ces derniers possèdent des limitations quant à leurs propriétés de résistance thermique qui est très faible. Les matériaux, tels les polymères et autres composés organiques restent inflammables lorsque les quantités de chaleur ou d'oxygène nécessaires à leur combustion sont atteintes. Heureusement, les vitesses de combustion et de propagation de la flamme peuvent considérablement être ralenties. [39]

L'ignifugation d'un matériau ne signifie pas incontestablement incombustibilité, mais plutôt retard à la combustion. Lors de la combustion, le matériau se dégrade sous l'effet d'une flamme ou d'un choc thermique, la chaine macromoléculaire va se dégrader dépendamment de la quantité d'oxygène qui se trouve autour du matériau. Il y aura pyrolyse en absence d'oxygène et dégradation oxydative en présence de celui-ci. Ainsi il y a formation des radicaux libres les plus réactifs $OH^{\bullet}$ et $H^{\bullet}$ en phase gazeuse, lors de la dégradation.

Les propriétés d'ignifugation peuvent être améliorée par deux voies : Par traitement de surface ou par protection dans la masse. De plus les additifs RF agissent généralement selon deux mode d'action : soit par voie physique ou par voie chimique dans au moins une des phases où la combustion a lieu.

3.2.1 Matériaux ignifuges à base d'ester de phosphates

Le phosphore blanc s'enflamme à 50°C. Il se conserve dans l'eau et son produit d'oxydation sous l'effet de la chaleur (270°C) est appelé phosphore rouge. Ce dernier est un mélange complexe, de composition variée, selon les conditions thermiques. La Figure 3.2 présente les variétés de phosphores en fonction de la température, ainsi que leurs tensions de vapeur p.

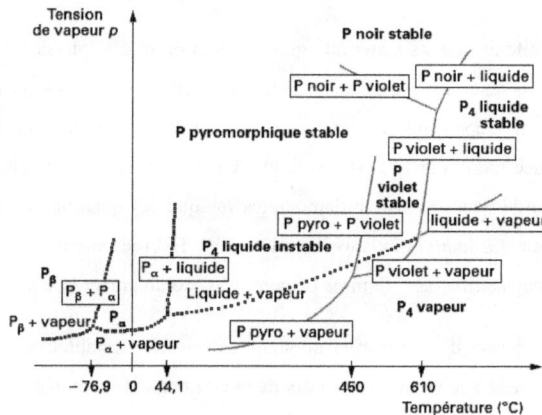

Figure 3.2   Variétés allotropiques du phosphore en fonction de la température [39]

L'acide phosphorique et l'anhydride phosphorique, dont l'action du point de vue de la diminution de la combustion s'effectue par effet physique, sont obtenus par oxydation du phosphore rouge sous l'action de l'oxygène et de la température. Les applications du phosphore rouge sont variées. Il est recommandé dans des polymères oxygénés tels que le polyéthylène téréphtalate (PET), le polycarbonate (PC). Il est également utilisé dans les polyoléfines, l'acrylonitrile butadiène styrène (ABS), le polystyrène choc (HIPS), le polybutyrène téréphtalate (PBT), les polyesters insaturés, les résines époxydes, les polyamides, etc. Les RF contenant du phosphore oxydé s'avèrent aussi intéressant.

Depuis très longtemps, il a été observé que les dérivés phosphorés améliorent la résistance à la flamme de matériaux contenant un taux élevé d'oxygène tel que la cellulose ou certains plastiques. Dans leur mécanisme d'action, une couche protectrice ou **char** se forme à la surface du matériau, agit comme membrane isolante, ce qui entraine une diminution significative et simultanée de la chaleur dégagée par le matériau, ce qui implique un effet isolant de cette couche. Environ 1,5 % de phosphore contenu dans l'acide phosphorique ou dans le phosphate acide d'ammonium $(NH_4O)_2(OH)P(O)$ engendre une proportion de 25 % de char. Par contre, 3 % de phosphore engendre 45 % de char. Le phosphate acide d'ammonium produit un effet légèrement supérieur. [39] L'acide phosphorique et les phosphates acides se condensent facilement pour donner lieu à des structures du type pyrophosphate avec libération d'eau :

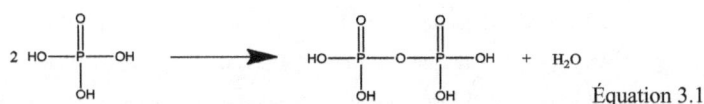

$$2\ HO\!-\!\overset{\overset{O}{\|}}{\underset{\underset{OH}{|}}{P}}\!-\!OH \longrightarrow HO\!-\!\overset{\overset{O}{\|}}{\underset{\underset{OH}{|}}{P}}\!-\!O\!-\!\overset{\overset{O}{\|}}{\underset{\underset{OH}{|}}{P}}\!-\!OH\ +\ H_2O$$

Équation 3.1

Cette eau à la particularité de diluer la phase gazeuse oxydante. De plus, l'acide phosphorique comme pyrophosphorique tous deux catalysent la déshydratation des alcools pour engendrer des carbocations conduisant à des insaturations, comme le démontrent les équations suivantes :

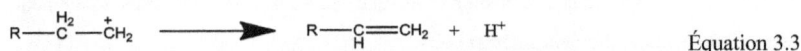

$$R\!-\!\overset{H_2}{C}\!-\!\overset{H_2}{C}\!-\!OH\ +\ H^+ \longrightarrow R\!-\!\overset{H_2}{C}\!-\!\overset{+}{C}H_2\ +\ H_2O$$

Équation 3.2

$$R\!-\!\overset{H_2}{C}\!-\!\overset{+}{C}H_2 \longrightarrow R\!-\!\underset{H}{C}\!=\!CH_2\ +\ H^+$$

Équation 3.3

D'autre part, à des températures élevées, les acides ortho et pyrophosphoriques se transforment en acide métaphosphorique $(O)P(O)(OH)$ et en ses polymères $(PO_3H)_n$. Les anions phosphates (pyro et polyphosphates) participent ensuite avec les restes carbonés à la formation du char. [39]

La formation du char a également été observée dans les polyuréthanes chargés de RF. Les mousses de polyuréthane sont connues pour se dégrader entre 250 et 300°C.

Cependant le mécanisme de dégradation du polyuréthane est ainsi perturbé, ce qui abaisse l'exothermicité. L'inflammation dépend alors de la volatilité des hydrocarbures dégagés par le matériau. Par exemple, les isocyanates relativement volatils contribuent à alimenter la flamme en combustible, contrairement aux isocyanates lourds, qui restent dans la mousse et subissent, avec les dérivés phosphoriques, des réactions secondaires de réticulation conduisant à la formation de char isolant. Les RF à base de phosphore forment des systèmes intumescents lorsqu'ils réagissent avec certains matériaux tel que la cellulose, l'amidon, les polyholosides etc.

Une autre classe importante des RF très utilisés est la classe des RF halogénés, surtout la classe des bromés. En comparant les halogènes, on note tout d'abord que l'énergie de dissociation des liaisons C-C d'une chaine hydrocarbonée est de l'ordre de 347 kJ/mol et d'autre part l'efficacité des RF halogénés augmente selon l'ordre suivant : F > Cl > Br > I. Mais on constate que, bien que l'efficacité théorique du fluor soit élevée, ce dernier n'est pas du tout utilisé comme RF, à cause de sa liaison avec le carbone qui s'avère trop énergétique. Son énergie de dissociation étant de l'ordre de 485 kJ/mol, il ne commencerait à être efficace (agir en phase gazeuse) que lorsque tout le matériau aurait disparu.

D'autre part, en ce qui concerne l'atome d'iode, la liaison C-I possède une énergie de dissociation de 213 kJ/mol, qui est trop faible pour être efficace. En effet l'iode peut être libéré partiellement de certaines structures soit lors de la mise en application ou lors du processus de vieillissement photochimique naturel. Ainsi, le radical I' est alors libéré avant l'étape de la combustion et lorsque celle-ci survient l'effet est totalement perdu, ce qui est moindrement intéressant.

De la famille des halogènes susceptibles de convenir dans un RF, il reste le brome et le chlore. L'énergie de dissociation de la liaison C-Br est estimée environ à 284 kJ/mol, ce qui permet sa libération en phase gazeuse juste avant la dégradation des chaines carbonés. De plus, l'agent efficace HBr est libéré sur un intervalle étroit de température, ce qui a pour résultante la libération d'une grande quantité de gaz utile dans la zone de la flamme au moment opportun. Tandis que les additifs chlorés (C-Cl) avec une énergie de dissociation de 338 kJ/mol libèrent du HCl sur un intervalle beaucoup plus large et plus élevé, ce qui en fait des retardeurs de flammes moins efficaces que les bromés, cependant utilisables car ils sont chimiquement plus stables, surtout les RF chlorés aliphatiques.

Les RF bromés sont pour l'instant les plus utilisés et sont classés selon leur famille d'origine. Ils peuvent être utilisés par simple mélange avec le polymère à protéger. Mais d'autres ont une structure qui leur permettent d'être soit polycondensés ou copolymérisés afin d'être incorporés dans la chaine du polymère et d'éviter toute forme d'incompatibilité entre le RF et le polymère. À cet effet, nous avons les RF bromés de la famille des aromatiques qui sont utilisés comme additifs. D'autres RF halogénés utilisables comme additifs réactifs sont cités dans la littérature. [39] Ces derniers renferment au moins un noyau aromatique avec une fonction organique réactive. C'est le cas du genre alcool, anhydride, epoxy et imide. Il existe également le type aliphatique, dans les aliphatiques non réactifs, on peut retenir : l'hexabromocyclododécane (HBCD), l'éthylène-bis (dibromonorbornanedicarboximide), puis le dibromure de pentaérythrytol.

Les types chlorés, qui sont généralement des hydrocarbures chlorés sont plus stables que les bromés. Cependant, ils doivent être utilisés en plus grande quantité pour un même effet observé. Les RF chlorés aromatiques ne possèdent pas d'effets supérieurs aux RF bromés, ils ne sont donc pratiquement pas utilisés.

Il existe aussi d'autres types de RF à base des substances minérales mais leur utilisation est encore limitée. Finalement, il y a aussi ceux à base de bore, d'antimoine, à effet synergique et des composés azotés tels que la mélamine etc. [39]

3.3 Objectif du projet

En regard de ce qui précède, l'objectif principal de ce projet est de greffer des groupements phosphates directement sur la fibre kraft, afin de conférer tout d'abord les propriétés de résistance à la flamme pour la fabrication d'un matériau ignifuge et envisager par la suite son utilisation potentielle dans les panneaux isolants à base de fibres de bois pour le marché de la construction, le papier ignifuge etc. D'autre part, nous avons également synthétisé ce précurseur dans l'espoir que plus tard, dans les travaux futurs du groupe de recherche, de l'estérifier avec des alcools à longue chaine pour conférer à la fibre kraft la propriété antiadhésive pour palier à la problématique de l'arrachage rencontrée en impression conventionnelle.

Pour pouvoir réaliser l'objectif principal de ces travaux, nous avons défini trois objectifs spécifiques à savoir :

- Greffer l'acide phosphorique sur la cellulose en poudre comme matériel cellulosique modèle. Évaluer les conditions optimales du greffage avec un plan composite centré à l'aide de la méthodologie de réponse de surface générée par le logiciel JMP, pour des fins de transposition des conditions optimales sur la fibre kraft.
- Vérifier si la réaction de phosphorylation de la cellulose en poudre est directement transposable à fibre (pâte kraft).
- Analyser et caractériser les produits synthétisés ainsi qu'évaluer préliminairement les propriétés papetières et d'ignifugation des fibres phosphorylées.

Chapitre 4 - Matériels et méthodes

4.1 Réactifs et solvants utilisés

Dans ce chapitre nous allons décrire le matériel ainsi que les méthodologies utilisées pour permettre la modification des fibres. Puis nous allons faire une brève description des techniques d'analyse utilisées pour caractériser les matériaux modifiés (structure et propriétés chimiques) ainsi que les propriétés physiques, chimiques, mécaniques et optiques des feuilles fabriquées avec les fibres modifiées.

4.2 Matériel et produits utilisés

La cellulose qui a servi de matériel de départ pour les essais est une poudre microcristalline blanche de 20 µm qui a été obtenue de Sigma Aldrich dont le degré de polymérisation est de 227 et le pH en solution aqueuse d'environ 6. La pâte qui a servi pour la réaction de phosphorylation est une pâte kraft blanchie de résineux échantillonnée à l'usine Kruger Wayagamack de Trois-Rivières.

L'acide phosphorique a été obtenu de Fisher Scientifique Canada. Elle était sous forme liquide et pure à 85 %.

L'urée a également été obtenue de Fischer Scientifique Canada et était sous forme solide. Le chlorure de lithium, d'Aesar Anachemia, était sous forme solide avec une pureté de 99,9 %.

4.3 Méthodes de phosphorylation de la cellulose et des fibres

Trois méthodes ont été utilisées pour fixer les groupements phosphates sur les matériaux cellulosiques. Elles sont décrites ci-dessous.

4.3.1 Méthode 1

La première méthode, qui se réalise en une étape, consistait essentiellement à :

- Peser 1g de cellulose en poudre dans différents ballons de 100 ml, puis introduire un agitateur magnétique.

- Parallèlement, dans différents ballons volumétriques jaugés de 50 ml, préparer différentes solutions contenant entre 0,61 et 6,08 équivalents molaires (eq. mol.) d'acide phosphorique et entre 2,03 et 16,21 eq mol. d'urée selon les conditions établies par le design expérimental (voir la section 4.3.2.3 à la Figure 4-3), puis compléter au trait de jauge les différents ballons avec de l'eau déminéralisée.

- Introduire les solutions fraichement préparées précédemment dans les différents ballons de 100 ml, contenant la cellulose selon les conditions opératoires résumées ci-dessous.

- Porter les ballons, surmontés d'un condensateur, à reflux à leurs différentes températures respectives (selon les conditions expérimentales du design établi) dans des bains d'huile de silicone préchauffés à ces dernières températures.

- Après 1 heure de reflux, arrêter la réaction et laisser les ballons refroidir pendant 1 à 2 heure(s) à la température de la pièce. Filtrer sous vide le mélange sur papier filtre à l'aide d'un entonnoir Büchner.

- Peser le produit, puis le placer au dessiccateur pour un minimum de 2 jours, peser à nouveau le produit et procéder aux analyses nécessaires.

4.3.2 Méthode 2

Cette méthode comprend deux étapes : une première étape de prétraitement ou activation de la cellulose avec le chlorure de lithium afin de permettre le gonflement de la cellulose et permettre une meilleur diffusion des réactifs dans le matériel cellulosique et un meilleur greffage de l'acide phosphorique sur la cellulose et une seconde étape, qui est la réaction de phosphorylation proprement dite.

4.3.2.1 Étape 1 : Activation du matériel cellulosique

Comme nous l'avons vu plus haut, le gonflement de la cellulose ou du matériel cellulosique (pâte kraft) est une étape importante qui permet de libérer les sites actifs (fonctions OH) du matériel cellulosique afin de permettre une meilleure diffusion des réactifs dans le matériel et rendre le processus de phosphorylation plus efficace. La Figure 4.1 présente le type d'interaction qui a lieu entre le matériel cellulosique et le réactif gonflant.

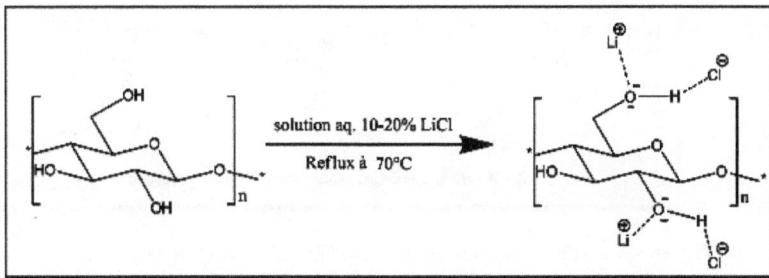

Figure 4.1   Réaction de gonflement de la cellulose en milieu aqueux avec LiCl 15 %

Le processus a lieu pendant 7 heures et nécessite d'introduire dans un ballon de 250 ml muni d'un agitateur magnétique, 2 g cellulose ou dans un ballon de 1 L toujours muni d'un agitateur magnétique, 20 g de pâte kraft, puis d'ajouter 7 g de chlorure de lithium (LiCl) pour la réaction avec la cellulose en poudre ou 70 g dans le cas de la pâte kraft, ensuite diluer le tout dans 50 ml d'eau déminéralisée pour le ballon contenant la cellulose ou 500 ml dans le ballon contenant la pâte kraft, jusqu'à immerger toute la pâte. Puis laisser à reflux à 70 °C pour environ 7 heures et procéder à la réaction de phosphorylation in situ. Un schéma du montage est présenté ci-dessous à la Figure 4.3.

4.3.2.2 Étape 2 : Phosphorylation du matériel cellulosique

La réaction de phosphorylation utilisée dans cette étude est inédite. Elle demeure avanta-
geuse par le fait même qu'elle se déroule en milieu aqueux en présence d'agents chaotropiques tels que le chlorure de lithium et l'urée ce qui donne un avantage écologique à
la méthode développée. L'équation de la réaction est présentée à la Figure 4.2. Également la procédure est décrite ci-dessous.

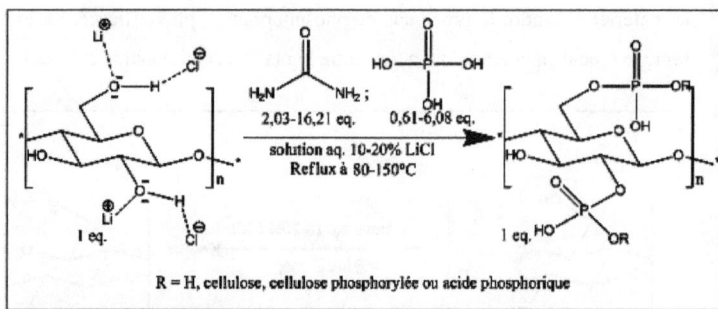

Figure 4.2   Phosphorylation in situ de la cellulose et de la pâte kraft

Pour ce qui est de la procédure de phosphorylation in situ, elle se déroule généralement
en six étapes comme présenté ci-dessous.

- Dans différents ballons de 50 ml, préparer des solutions contenant de 0,61 à 6,08
  eq mol d'H_3PO_4 et de 2,03 à 16,21 eq mol d'urée selon les conditions opératoires
  indiquées dans le Tableau 4.3 établies à l'aide du logiciel de design expérimental
  JMP. Compléter les ballons au trait de jauge avec de l'eau déminéralisée.

- Ajouter ces dernières solutions dans les ballons de prétraitement du matériel cellulosique préparés selon la procédure précédemment décrite ci-dessus, en milieu
  aqueux 10-15 % LiCl.

- Introduire dans chaque ballon réactionnel les solutions préparées et destinées à
  des fins de réaction de phosphorylation pour chaque essai selon le Tableau 4.3.

- Chauffer chaque ballon surmonté d'un condensateur et porter à reflux pour 3 heures aux différentes températures (entre 80 et 150 °C) selon les indications du Tableau 4.3, dans un bain d'huile de silicone préchauffé à ces températures.

- À la fin de la réaction, laisser les ballons refroidir à la température de la pièce.

- Filtrer sous vide le mélange sur un entonnoir Buchner et un papier filtre, puis le laver à grande eau (chaude ou acidifié à 0,1 N) plusieurs fois et sécher le produit au dessiccateur pour un à deux jours.

- Procéder aux analyses nécessaires : analyses préliminaires du taux de phosphore greffé par ICP-OES et du degré de polymérisation par viscosimétrie, suivi des analyses de caractérisation RMN ^{13}C et ^{31}P, FTIR, XPS, FTA-4000 etc.

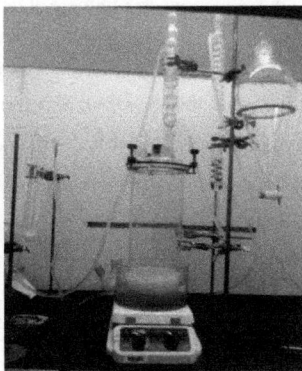

Figure 4.3   Schéma du montage expérimental de la modification de la pâte kraft

4.3.2.3 Conditions opératoires et conception du design expérimental

Comme nous le savons, lorsqu'une combinaison de plusieurs variables indépendantes et leurs interactions influent sur les réponses souhaitées, la méthodologie des surfaces de réponse est un outil efficace pour optimiser le processus. La méthode de surface de réponse utilise généralement un modèle expérimental tel que le plan composite centré (CCD) pour ajuster un modèle par la technique des moindres carrés. Ainsi la pertinence du modèle proposé est alors révélée à l'aide des tests de vérification de diagnostic fournis par l'analyse de la variance. De plus, les graphiques de réponses de surfaces peuvent être utilisés pour étudier les surfaces et localiser l'optimum. Pour pouvoir mettre les deux méthodes élaborées ci-dessus en pratique, les conditions opératoires ont été établies à l'aide d'un logiciel de design expérimental afin de déterminer un plan composite centré ainsi que le nombre d'essais nécessaires par rapport aux paramètres expérimentaux à évaluer pour la mise en route de l'expérience. À cet effet, il existe de bons logiciels commerciaux disponibles capables d'élaborer un design expérimental, de générer et procéder à l'analyse de la réponse de surface des expériences. Les plus populaires sont JMP (SAS Institute 2009) que nous allons utiliser au cours de ces travaux et bien d'autres, Design Expert (Stat-Ease 2009) et Statgraphics (Technologies StatPoint 2009). Ils fournissent tous des modèles pour générer des plans composites centrés, des surfaces de réponse correspondant aux équations de première et de second ordre et de les visualiser.

Dans le cadre de ces travaux, un plan composite centré sous la forme d'un plan factoriel complet 2^3! a été utilisé pour développer les équations mathématiques en terme de degré de substitution des groupements phosphates (DS_P) et du degré de dépolymérisation du matériel cellulosique étudié (DP) afin de fournir une évaluation quantitative du processus de modification du dit matériel par réaction de phosphorylation utilisée. La concentration en acide (H_3PO_4), la concentration d'urée et la température sont les facteurs clés affectant le DS_P et le DP lors du processus de phosphorylation. Ces variables sont présentés au Tableau 4.1.

Tableau 4.1   Plan expérimental factoriel composite centré utilisé

Variable	Symbole	Niveaux des variables codées		
		-1	0	1
H_3PO_4 (eq mol)	x1	0,61	3,35	6,08
Urée (eq mol)	x2	2,03	9,12	16,21
Température (°C)	x3	80	115	150

Comme le montre le Tableau 4.2, un plan composite centré sous la forme d'un plan factoriel complet de 2^3! a été utilisé, dans lequel trois variables indépendantes ont été converties en valeurs sans dimension (x1, x2, x3), avec des valeurs codées à trois niveaux (-1, 0, +1). Le choix des niveaux de variables est basé sur nos résultats antérieurs et ceux de la littérature [5-11,24,38,40,41]. La disposition du plan composite centré, comme le montre le Tableau 4.2, a été établie de telle manière qu'il permette de prédire les réponses de surface. Les expériences de réponses de surface impliquent traditionnellement un petit nombre de facteurs continus. Le modèle a priori d'une expérience de réponses de surface est généralement une quadratique.

Tableau 4.2 Arrangement du plan composite centré pour les trois variables indépendantes utilisées dans la présente étude

No expérience	Niveaux des variables / valeurs codées		
	H_3PO_4	Urée	Température
1	1	-1	1
2	0	0	0
3	1	1	1
4	1	-1	-1
5	0	1	0
6	0	-1	0
7	0	0	0
8	-1	1	1
9	0	0	1
10	-1	1	-1
11	-1	0	0
12	1	1	-1
13	-1	-1	1
14	1	0	0
15	0	0	-1
16	-1	-1	-1

Contrairement aux expériences de criblage, nous avons utilisé des expériences de réponses des surfaces car nous savons déjà quels facteurs sont importants. L'objectif principal des expériences de réponses de surface est de créer un modèle prédictif de la relation entre les facteurs et la réponse. L'utilisation de ce modèle prédictif nous permet de trouver les meilleurs paramètres pour mieux greffer les groupements phosphates sur le matériel cellulosique. Alors que dans les expériences de criblage, une mesure de la qualité du design est la taille de la variance relative des coefficients est effectuée, dans les expériences de réponses de surface, la prédiction de la variance sur la gamme des facteurs est plus importante que la variance des coefficients. Une façon de visualiser la variance de prédiction est le tracé du profil de prédiction de la variance de JMP. Ce tracé est un puissant outil de diagnostic pour l'évaluation et la comparaison des designs de réponses de surface. Le logiciel JMP (version 9) sera utilisé dans la suite pour la visualisation du tracé du profil de prédiction de la variance et la détermination des paramètres optimaux et les paramètres qui influencent les réponses de surface, il permettra aussi de générer les graphiques 3D des réponses de surface.

Le Tableau 4.3 résume les conditions expérimentales du design généré par JMP par la méthode de réponses de surface des plans composites centrés avec les valeurs décodés des différentes variables.

Tableau 4.3   Conditions expérimentales avec les valeurs décodées

Essai	Niveaux des variables / valeurs décodées		
	H_3PO_4 (eq. mol.)*	Urée (eq. mol.)*	Température (°C)
LG-C-1	6,08	2,03	150
LG-C-2	3,34	9,12	115
LG-C-3	6,08	16,21	150
LG-C-4	6,08	2,03	80
LG-C-5	3,34	16,21	115
LG-C-6	3,34	2,03	115
LG-C-7	3,34	9,12	115
LG-C-8	0,61	16,21	150
LG-C-9	3,34	9,12	150
LG-C-10	0,61	16,21	80
LG-C-11	0,61	9,12	115
LG-C-12	6,08	16,21	80
LG-C-13	0,61	2,03	150
LG-C-14	6,08	9,12	115
LG-C-15	3,34	9,12	80
LG-C-16	0,61	2,03	80

* Les équivalents molaires sont établis en fonction de la variable fixe de la cellulose qui est de 1 équivalent molaire.

4.3.3 Méthode 3

Dans cette méthode, nous nous sommes intéressés essentiellement aux expériences du design qui montraient peu de dégradation du matériel cellulosique (pâte kraft). Sachant que la dégradation du matériel cellulosique, d'après le tracé du profil de la variance des facteurs des réponses de surface DP, est beaucoup influencé par le nombre d'équivalents molaires d'acide phosphorique utilisés, qui par son pH très acide influence beaucoup la dégradation du matériel cellulosique. Nous avons donc décidé de construire différentes expériences, autour d'une gamme d'échantillons sélectionnés, à différentes conditions de pH comprises entre 4 et 8, pour noter l'effet de l'acidité sur la dégradation de la pâte kraft. Les échantillons sélectionnés et les conditions opératoires de ces derniers sont présentés au Tableau 4.4.

Cette méthode se déroulera aussi en deux étape : une première qui consiste à prétraiter le matériel cellulosique avec le chlorure de lithium comme mentionné à la section 4.3.2.1 et une deuxième dite de phosphorylation qui consiste à modifier la pâte kraft directement comme dans la méthode 2 déjà présentée à la section 4.3.2.2, à la différence qu'ici l'acide phosphorique sera remplacé par ses sels d'ammonium mono et disodique pour préparer des solutions ayant des pH variant entre 4 et 8 tel que présenté dans le Tableau 4.4.

Tableau 4.4   Conditions opératoires de la modification de la pâte kraft par la méthode 3

Échantillon	NaH$_2$PO$_4$ (eq mol)	Na$_2$HPO$_4$ (eq mol)	Urée (eq mol)	Température (°C)
LG-P-0				
LG-P-7 pH=4	3,859	0,0	9,16	115
LG-P-7 pH=5	3,851	4,0	9,16	115
LG-P-7 pH=6	3,867	11,5	9,16	115
LG-P-7 pH=7	3,851	22,9	9,16	115
LG-P-7 pH=8	3,859	40,0	9,16	115
LG-P-8 pH=4	0,705	0,0	16,2	150
LG-P-8 pH=5	0,705	5,8	16,2	150
LG-P-8 pH=6	0,705	8,6	16,2	150
LG-P-8 pH=7	0,706	17,2	16,2	150
LG-P-8 pH=8	0,705	25,9	16,2	150
LG-P-11 pH=4	0,701	0,0	9,16	115
LG-P-11 pH=5	0,701	5,8	9,16	115
LG-P-11 pH=6	0,703	14,3	9,16	115
LG-P-11 pH=7	0,702	22,9	9,16	115
LG-P-11 pH=8	0,700	40,0	9,16	115
LG-P-13 pH=4	0,700	0,0	2,03	150
LG-P-13 pH=5	0,703	8,7	2,03	150
LG-P-13 pH=6	0,700	11,5	2,03	150
LG-P-13 pH=7	0,700	20,2	2,03	150
LG-P-13 pH=8	0,703	34,4	2,03	150

4.4 Analyses chimiques des matériaux phosphorylés

Pour pouvoir caractériser les produits de la réaction, plusieurs analyses qualitatives et quantitatives ont été entreprises.

4.4.1 Spectroscopie infrarouge et résonance magnétique nucléaire

La spectroscopie infrarouge à transformées de Fourier (ou en anglais FTIR : « Fourier Transformed InfraRed spectroscopy ») a été réalisée sur les échantillons de cellulose modifiée. Elle est basée sur l'absorption d'un rayonnement infrarouge par le matériau à analyser. Elle permet via la détection des vibrations caractéristiques des liaisons chimiques, d'effectuer l'analyse des fonctions chimiques présentes dans le matériau.

Les informations tirées des spectres sont de deux sortes : qualitatives et quantitatives. Nous nous limiterons dans le cadre de notre projet aux informations qualitatives tel que présentées au Tableau 4.5.

Tableau 4.5   Assignation des bandes de la cellulose phosphorylée [42]

Fréquence (cm^{-1})	Assignation
3400-3500	Élongations OH
2800-2900	Élongations CH_2
1647	Élongations C=O
1168	Élongations C-O-C
2380	Élongations P-H
1383	Élongations asymétriques P=O
920-1000	Élongations P-OH
825	Élongations esters de phosphates P-O-C

Cette méthode d'analyse est simple à mettre en œuvre et non destructrice. Elle permet d'analyser aussi bien les matériaux organiques que les matériaux inorganiques.

D'autre part, nous avons également envoyé nos matériaux phosphorylés au Département de chimie de l'Université Laval (Québec) pour des analyses de résonance magnétique nucléaire (RMN-^{31}P et RMN-^{13}C) de carbone et de phosphore. Il s'agit de techniques d'analyse chimique et structurale non destructives très utilisées en physique (études de matériaux), en chimie ou biochimie (structure de molécules). Elle s'applique aux particules ou ensembles de particules qui ont un spin nucléaire non nul.

La RMN-^{13}C nous permet d'identifier tous les carbones d'une molécule grâce à la connaissance empirique des déplacements chimiques des carbones faisant partie de divers groupements fonctionnels, il en va de même pour la RMN-^{31}P. [43]

Dans le cadre de notre projet, nous allons utiliser la connaissance des déplacements chimiques empiriques pour déterminer les types de carbones et de phosphores présents dans les esters de phosphate de cellulose ou de pâte kraft synthétisés.

Une autre méthode spectroscopique que nous allons utiliser est la spectroscopie d'émission atomique à induction couplée plasma (ICP-AES), également désignée sous le nom de la spectrométrie d'émission optique à induction couplée plasma (ICP-OES), une technique analytique utilisée pour la détection des métaux. C'est un type de spectroscopie d'émission qui emploie le plasma couplé par induction pour produire les atomes excités et des ions qui émettent des rayonnements électromagnétiques aux longueurs d'onde caractéristiques d'un élément particulier tel que le phosphore. L'intensité de cette émission est indicative de la concentration de l'élément, phosphore par exemple, dans l'échantillon.

On peut ainsi calculer le pourcentage de l'élément dans l'échantillon et déterminer le degré de substitution des groupements, qui dans notre étude, sont soit le phosphate DS_P ou l'amide DS_N. Le calcul se fait selon la formule empirique suivante [4] :

$$DS_X = \frac{162 \times X(\%)}{100 \times (M_X - \Delta M) \times X(\%)}$$

Équation 4.1

Où :

$$
\begin{aligned}
X(\%) &= \text{Pourcentage massique de l'élément (P ou N)} \\
M_X &= \text{Masse molaire de l'élément (P=31 ou N=14)} \\
\Delta M &= M_S - M_L
\end{aligned}
$$

$$
\begin{cases}
M_S &= \text{Masse molaire du substituant } (H_2PO_3 = 81 \text{ ou } CO(NH_2) = 44) \\
M_L &= \text{Masse molaire du groupe sortant } (H = 1) \\
\Delta M &= 80 \text{ pour } H_2PO_3 \text{ ou } 43 \text{ pour } CO(NH_2)
\end{cases}
$$

En appliquant les valeurs appropriées pour le phosphore et l'azote, on trouve :

$$DS_p = \frac{162 \times P(\%)}{3100 - 80P(\%)} \quad et \quad DS_N = \frac{162 \times N(\%)}{1400 - 43N(\%)}$$

Avant le dosage de nos échantillons, après la modification du matériel cellulosique, nous avons dû procéder à leur digestion. Pour ce faire, ils sont été séchés au four puis pesés et mis en présence d'acide nitrique et de peroxyde à 90°C sur plaque chauffante dans un bécher haute forme surmonté d'un verre de montre «ribbed». Ensuite les échantillons ont été filtrés par gravité sur entonnoir contenant du papier filtre. Puis les filtrats ont été prélevés pour le dosage par ICP et la détermination du degré de substitution selon l'Équation 4.1

4.4.2 Analyse spectroscopique photoélectronique X

La spectrométrie photoélectronique X, ou spectrométrie de photoélectrons induits par rayons X (XPS), est une méthode physique d'analyse chimique mise au point en 1960 à l'Université Uppsala en Suède par Kai Siegbahn. Son principe est assez simple et un schéma l'illustrant est présenté à la Figure 4.4. Il consiste à irradier un échantillon par des rayons X monochromatiques qui provoquent l'ionisation de ses atomes par effet photoélectrique c.à.d. en émettant des ions sous l'action du faisceau de lumière incident. Ainsi l'énergie cinétique E_c de ces photoélectrons est mesurée, ce qui donne le spectre de l'intensité des électrons en fonction de l'énergie mesurée.

Rayons X

Figure 4.4   Principe de la spectrométrie photoélectronique par rayons X

De ce fait, on a accès à la composition chimique de la surface du matériau à analyser sur une profondeur de 10 nanomètres environ, par comparaison avec des spectres connus. Des analyses semi-quantitatives peuvent être également extraites des spectres XPS normalisés en se basant sur l'intégration des pics. [44, 45]

Cette analyse reste la méthode de référence pour l'analyse de surface d'un matériau, elle est à la fois qualitative et quantitative comme on l'a vu. Elle fournit donc à la fois la composition atomique d'un composé ainsi que la nature des liaisons chimiques présentes et leur distribution. À cet effet, pour la cellulose et la cellulose modifiée (ester de phosphate de cellulose ou de fibre kraft), on pourra confirmer le greffage des groupements phosphates sur la cellulose ou les fibres et déterminer les abondances relatives à la surface des liaisons C-C par rapport à C-O ou C-O par rapport à C-O-P etc.

Ainsi pour les esters de phosphates de cellulose que nous synthétisons un tableau non exhaustif présentant l'énergie des liaisons associées aux types de liaison de l'atome de phosphore avec l'oxygène et le carbone ou vice versa est présenté au Tableau 4.6. Au cours de cette analyse, nous allons fabriquer des pastilles de nos échantillons sous pressions (2500 psi) à l'aide d'une pompe hydraulique. Nous utiliserons un appareil X Axis Ultras de Kratos pour obtenir les spectres XPS.

Tableau 4.6 **Énergies des différents types de liaisons impliquant le carbone, le phosphore et l'oxygène [46]**

element	assignment	E_B [eV]
C1s (1)	CH_2	285.0
C1s (2)	C$-$O$-$P, C$-$O	286.7
C1s (3)	C$=$O	289.3
O1s (1)	TiO_2	530.1
O1s (2)	Ti$-$O$-$P	531.3
O1s (3)	P$-$O$-$C, C$-$O$-$C, P$=$O	532.6
O1s (4)	P$-$OH	533.4
P2p	C$-$O$-$P($=$O)(O$^-$)$_2$	134.2
Ti2p	TiO_2	458.7

4.4.3 Analyse thermogravimétrique

L'analyse thermogravimétrique (TG) est un type de caractérisation destiné à déterminer les changements de la masse d'un échantillon en fonction de la température. Cette analyse repose sur un haut degré de précision pour trois types de mesures : la masse, la température et la variation de température.

La TG est couramment employée en recherche et en analyse pour déterminer les caractéristiques de matériaux tels que les polymères, pour déterminer les températures de dégradation, l'humidité absorbée par le matériau, la quantité en composés organiques et inorganiques d'un matériau, le point de décomposition d'un explosif et des résidus de solvants. Elle permet également de caractériser la composition du matériau et de tester l'efficacité des retardeurs de flamme. Généralement l'analyse s'opère de la façon suivante : un échantillon est soumis à la chaleur dans un four sous atmosphère inerte afin d'éviter toute oxydation du matériau. La détermination de la perte massique due à l'élévation de la température est alors enregistrée en fonction du temps et de la température. Ainsi les données enregistrées (perte massique, masse résiduelle, températures du début jusqu'à la fin de la dégradation des matériaux étudiés) peuvent être portées en graphique pour des fins d'analyse. [47] Nous allons utiliser un appareil TG Diamond TGA/DTA de Perkin-Elmer pour procéder à l'analyse de la dégradation thermique de nos échantillons synthétisés.

4.4.4 Viscosimétrie

Tous les échantillons de cellulose ou de ses dérivés, même ceux résultant d'une procédure de séparation selon la masse molaire (chromatographie d'exclusion, etc.) montrent généralement une polydispersité vis-à-vis de leur masse molaire ou de leur degré de polymérisation (DP). Ceci implique une différence entre la masse molaire moyenne en terme de poids (M_W) et la masse moléculaire moyenne en terme de nombre (M_n), avec $M_W > M_n$ et un paramètre de non uniformité $U > 0$. Les valeurs M_n ou DP_n sont en accord avec la dégradation de la cellulose. Cependant, M_W ou DP_W fréquemment montrent une meilleure corrélation avec les propriétés du produit. Des méthodes précises de mesures de DP par diffraction de rayon X existent [48].

Pour ce qui est de l'utilisation pratique à l'échelle de laboratoire de la chimie organique de la cellulose aussi bien que dans le processus et contrôle du produit de modification de la cellulose commerciale, généralement les mesures de viscosité sont employées pour la détermination de la masse molaire ou du degré de polymérisation. Ces techniques sont basées sur la loi de Staudinger/Kuhn/Houwink :

$$(\eta) = K \times M^{\alpha} \text{ et } (\eta) = K^{'} \times DP^{\alpha} \qquad \text{Équation 4.2}$$

Dans le cadre de notre étude, nous avons utilisé une méthode normalisée (SCAN-CM 15 : 88) qui détermine la viscosité des pâtes, papiers et cartons dans une solution de cupriéthylènediammine chélate (Cuen). [49] Pour la détermination du DP de la cellulose en poudre, nous avons utilisé la méthode Codex Œnologique Internationale (EONO 9/2002). Pour ce faire nous avons utilisé un viscosimètre capillaire et un bain thermostaté ainsi qu'un agitateur industriel.

4.5 Fabrication et analyse des propriétés des feuilles fabriquées avec les matériaux phosphorylés

Les feuilles seront fabriquées à l'aide d'une formette anglaise pour les tests papetiers et, spécialement pour le test de résistance à la flamme, à l'aide d'une formette dynamique (illustrée à la Figure 4.5). [50] Le recours à la formette dynamique est justifié par le fait que les dimensions de la feuille requise pour le test d'inflammabilité sont supérieures à celles d'une feuille de formette standard. Les feuilles seront fabriquées selon la méthode TAPPI T205 SP-95.

Figure 4.5   Formette dynamique de laboratoire

4.5.1 Mesure des propriétés physico-chimiques et optiques du papier fabriqué avec les fibres phosphorylées

Nous allons réaliser différents tests physiques, chimiques et optiques sur des feuilles ou pastilles fabriquées avec les fibres modifiées afin de caractériser et de décrire leur comportement et leurs propriétés. Certaines propriétés physiques et optiques des feuilles fabriquées avec les fibres non traitées et phosphorylées ont été mesurées à l'aide de méthodes normalisées. Les propriétés analysées sont : la cohésion interne, la résistance à la rupture, à la déchirure et à l'éclatement ainsi que la blancheur et l'opacité. Le Tableau 4.7 énumère les propriétés analysées ainsi que les méthodes normalisées utilisées.

Tableau 4.7   Propriétés physiques et optiques mesurées sur les feuilles contenant des fibres phosphorylées

Propriété	Appareil de mesure	Unités	Méthode normalisée
Cohésion interne	Scott Bond Tester	J/m^2	TAPPI T569
Traction (Rupture)	Instron	Nm/g	PAPTAC-D.34
Éclatement	Mullen	kPa m^2/g	PAPTAC-D.8
Déchirure	Marx-Elmendorf	mN m^2/g	TAPPI T220
Blancheur	Technibrite TB-1C	% ISO	PACTAC-C.5
Opacité	Technibrite TB-1C	%	PACTAC-C.5

4.5.2 Autres tests

D'autres tests qui permettent de juger du caractère hydrophile ou hydrophobe de la fibre modifiée ainsi que de la résistance de la fibre modifiée à la flamme ont été réalisés.

4.5.2.1 Vitesse absorption et d'angle de contact

La vitesse d'absorption et l'angle de contact sont acquis en utilisant l'analyseur d'angle de contact FTA-4000 MicroDrop de First Ten Angstroms. Une image de ce dispositif est présentée à la Figure 4.6. Il s'agit d'un système d'analyse par visualisation vidéo des petites gouttes d'eau ou de solvants à la surface d'un matériau. Optimisé pour des petites gouttes, il mesure l'angle sessile et les tensions de surface sur gouttes pendantes. Il a la capité de mesurer des surfaces aussi petites que 50 microns et des volumes de 10 nl. De plus l'angle de contact permet de caractériser l'énergie libre de surface des matériaux, à l'aide d'équations empiriques [51]. L'énergie libre de surface est la tension superficielle qui se trouve à l'interface solide, liquide, ou gaz.

Nous utiliserons donc l'analyseur d'angle de contact pour visualiser la vitesse d'absorption d'eau du matériau fabriqué et l'angle sessile que forme la goutte d'eau à la surface du matériel. Pour ce faire, une pastille d'environ 1 à 2 mm fabriquée à partir des fibres kraft phosphorylées ou de la cellulose phosphorylée est pressée à environ 2 500 psi avec une pompe hydraulique.

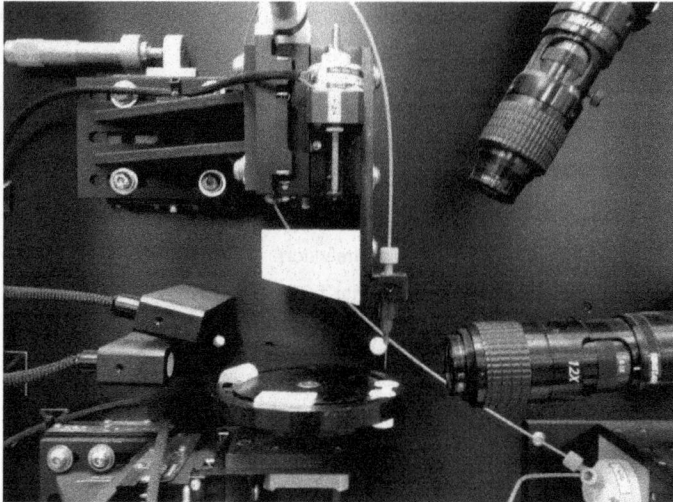

Figure 4.6   Appareil de mesure de l'angle de contact et de la vitesse d'absorption FTA-4000 MicroDrop de First Ten Angstroms

4.5.2.2 Test d'inflammabilité

Les tests d'inflammabilité nécessitent un appareillage spécifique dont nous ne disposons pas à l'UQTR. Les tests ont donc été réalisés au laboratoire du prof. Derek Gates du département de chimie de l'Université de la Colombie-Britannique (UBC). Ces derniers ont utilisé la méthode TAPPI 461CM-09 pour réaliser les tests d'inflammabilité sur nos échantillons.[52, 53] Il est important de noter que cette méthode permet de tester la résistance à la flamme du papier ou du carton ayant une épaisseur inférieure ou égale à 1,6 mm, papier ou carton qui a été modifié pour empêcher la propagation de la flamme. L'utilité du papier et du carton pour plusieurs fonctions et à des fins décoratives nécessite une résistance à la propagation de la flamme. Alors cette méthode est à la fois utile pour la mesure qualitative et quantitative de la résistance à la flamme du papier et du carton. Il est vrai que certaines utilisation peuvent exiger la connaissance de la durabilité des traitements de résistance à la flamme appliqués au papier ou carton lorsqu'ils sont exposés à l'eau, ce qui n'est pas le cas dans cette étude car les liaisons que nous créons entre le retardeur de flamme et la matrice cellulosique ne sont pas des liaisons faibles qui peuvent être enlevées par lessivage, c'est plutôt des liaison covalente.

Le principe du test est assez simple, il consiste à déterminer, les valeurs moyennes et maximales du «temps de flamboyance», du «temps d'incandescence», et de la «longueur de combustion».

Chapitre 5 - Résultats et discussions

Tous nos résultats sont rapportés dans ce chapitre sous forme de tableaux et de figures. En plus des analyses, des commentaires et de brèves conclusions partielles seront élaborés pour aider à mieux comprendre et interpréter les résultats. Enfin nous élaborerons une synthèse des résultats à la toute fin du chapitre afin de faire une corrélation entre toutes les expériences, analyses et conclusions partielles.

5.1 Phosphorylation de la cellulose en poudre par la méthode 1

Les résultats obtenus par cette méthode n'étaient pas concluants car le meilleur DS_P obtenu était de 0,008, ce qui équivaut à 0,16 % de phosphore par rapport à la masse de l'échantillon dosé, comme le montrent les expériences LG-C-1 et 4 (Tableau 5.1). Ces résultats étant insuffisants pour les applications ciblées, c'est ainsi que nous avons décidé de ne pas poursuivre les analyses afin d'apporter des modifications à la méthodologie dans le but d'améliorer le rendement de phosphore greffé et ainsi procéder aux étapes de caractérisation et d'évaluations des propriétés des matériaux qui seront fabriqués. Pour les applications ciblées, le taux de greffage (degré de substitution en groupements phosphates ou DS_P) visé doit être supérieur ou égal à 1.

Les résultats complets de la phosphorylation de la cellulose en poudre par la méthode 1 sont résumés au Tableau 5.1.

Tableau 5.1   Degrés de substitution du phosphore obtenus par la méthode 1

Essai	Dosage du phosphore par ICP*	P	DS$_P$
	(mg/kg d'éch.)	(%)	
LG-C-1	1585	1,6E-01	8,3E-03
LG-C-2	298	3,0E-02	1,6E-03
LG-C-3	105	1,1E-02	5,5E-04
LG-C-4	1510	1,5E-01	7,9E-03
LG-C-5	148	1,5E-02	7,7E-04
LG-C-6	10,79	1,1E-03	5,6E-05
LG-C-7	54	5,4E-03	2,8E-04
LG-C-8	40,8	4,1E-03	2,1E-04
LG-C-9	99,15	9,9E-03	5,2E-04
LG-C-10	18,8	1,9E-03	9,8E-05
LG-C-11	20,5	2,1E-03	1,1E-04
LG-C-12	33,25	3,3E-03	1,7E-04
LG-C-13	7,42	7,4E-04	3,9E-05
LG-C-14	48,35	4,8E-03	2,5E-04
LG-C-15	1,86	1,9E-04	9,7E-06
LG-C-16	30,9	3,1E-03	1,6E-04

*Les résultats du dosage par ICP-OES sont donnés en mg par kilogramme de l'échantillon dosé. On peut donc calculer le % de phosphore dans l'échantillon dosé et par conséquent le DS$_P$, selon l'Équation 4.1.

5.2 Phosphorylation de la cellulose en poudre par la méthode 2

Dans la méthode 2, nous avons ajouté une étape supplémentaire qui consistait à prétraiter la cellulose avec un sel d'hydrate, le chlorure de lithium, afin de permettre le gonflement du matériel cellulosique et permettre une meilleure diffusion des réactifs phosphorylants (acide phosphorique, urée) dans la masse. Après application de cette méthodologie selon les paramètres du design expérimental établi au Chapitre 4, nous avons procédé aux différentes analyses présentées ci-dessous.

5.2.1 Greffage de l'acide phosphorique sur la cellulose en poudre

Dans cette section nous allons discuter de la modification de la cellulose en poudre comme matériel cellulosique modèle afin de pouvoir transposer la réaction sur la pâte kraft par la suite.

5.2.1.1 Résultat des analyses chimiques du matériel cellulosique modifié

Le Tableau 5.2 présente les résultats du dosage quantitatif par ICP-EOS du taux de phosphore greffé sur les échantillons de celluloses en poudre modifiée selon les différentes conditions expérimentales établies par la méthode de réponses de surface. Il présente également les différents résultats obtenus lors de la mesure de la viscosité des différents échantillons phosphorylés selon les conditions du design.

Le Tableau 5.2 nous permet tout d'abord de constater que la réaction de phosphorylation sur la cellulose en poudre est réalisable. D'autre part, considérant les DP obtenus, il nous permet également d'observer qu'à chaque fois que nous greffons des groupements phosphates sur la cellulose en poudre, nous la dégradons. Ce constat ne parait pas intéressant pour les applications papetière car cela peut affecter les propriétés du matériau formé que nous désirons conserver ou améliorer. De plus, en examinant les conditions opératoires résumées au Chapitre 4, on constate effectivement que ces dernières ont un effet sur les résultats obtenus. Nous discuterons un peu plus en détails dans la suite de ce chapitre de l'effet des paramètres expérimentaux sur les paramètres mesurés (DS_P et DP). Mais nous allons tout d'abord procéder à la caractérisation du produit ou des produits formés lors du processus de phosphorylation. Il est important de noter que le meilleur taux de greffage dans la méthode 2 était de 24,3 % comparativement à 0,16 % pour la méthode 1. Ce qui rend la méthode 2 environ 150 fois plus performante que la méthode 1. Alors le prétraitement de la cellulose reste une étape cruciale dans le processus de modification de la cellulose, pour un meilleur rendement. De plus, l'efficacité des sels d'hydrates comme agents gonflant de la cellulose permettant une meilleure diffusion des réactifs, donc un meilleur rendement de modification de la cellulose, est confirmé dans cette étude.

Tableau 5.2 **Résultats du dosage quantitatif du phosphore (DS$_P$) et du degré de polymérisation (DP) de la cellulose en poudre**

Essai	Dosage du phosphore par ICP* (mg/kg d'éch.)	P (%)	DS$_P$	DP
LG-C-0	Non détectable	Non détectable	Non détectable	229,78
LG-C-1	40 350	4,04	0,24	103,96
LG-C-2	200 000	20	2,16	125,19
LG-C-3	231 000	23,1	2,99	111,71
LG-C-4	1 340	0,13	0,01	175,28
LG-C-5	185 500	18,55	1,86	130,47
LG-C-6	3 710	0,37	0,02	161,93
LG-C-7	160 000	16	1,43	133,05
LG-C-8	98 250	9,825	0,69	175,27
LG-C-9	243 000	24,3	3,41	114,21
LG-C-10	46 250	4,625	0,28	198,98
LG-C-11	105 000	10,5	0,75	173,61
LG-C-12	182	0,182	1,0E-03	202,57
LG-C-13	104 500	10,45	0,75	159,36
LG-C-14	4 070	0,41	0,02	173,89
LG-C-15	6,46	6,5E-04	3,4E-05	191,13
LG-C-16	61,5	6,2E-03	3,2E-04	201,94

Une des premières analyses réalisées pour confirmer la formation de liens covalents entre le phosphore et la cellulose était la RMN-^{31}P, cette analyse nous a permis non seulement de confirmer la présence du phosphore sur le produit de la réaction mais également grâce à son environnement chimique (pic à 9,91 ppm) d'identifier que le produit principal de la réaction est le pyrophosphate de diester de cellulose dont la structure est

présentée à la Figure 5.1 ou le pyrophosphates de monoester de cellulose, dont la structure est présentée à la Figure 5.2, car les espèces pyrophosphates contiennent un atome
d'oxygène lié et sont généralement caractérisées par un déplacement chimiques isotropes
entre 0 et +10 ppm, même si l'environnement chimique des deux phosphores dans le
pyrophosphate de monoester de cellulose est totalement différent. [54] La présence
d'une petite quantité d'ester de monophosphate de cellulose recouvert par le pic des pyrophosphates n'est pas totalement exclu. Mais le produit principal de la réaction ici est le
pyrophosphate de monoester de cellulose ou son analogue réticulé (pyrophosphate de
diester de cellulose). Mais d'un point de vue thermodynamique, à cause de
l'encombrement stérique nous pouvons négliger la possibilité de formation du pyrophosphate de diester de cellulose et considérer le pyrophosphate de monoester de cellulose
(Figure 5.2) comme le produit principal de la réaction.

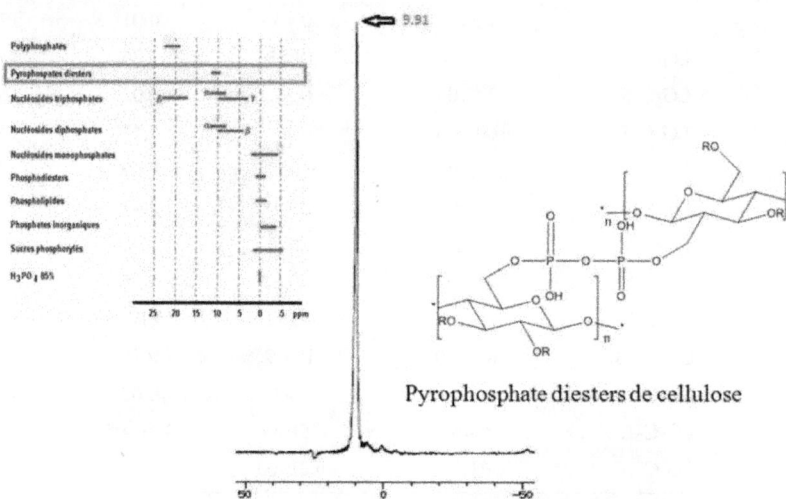

Pyrophosphate diesters de cellulose

Figure 5.1   Spectre RMN-^{31}P typique des produits synthétisés par la méthode 2

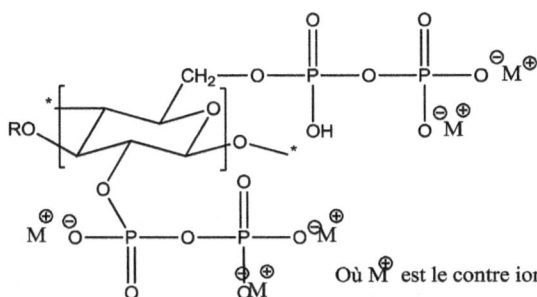

Où M$^\oplus$ est le contre ion
et R peut être un contre ion,
un groupe monophophate ou diphosphate

Figure 5.2   Structure du pyrophosphate de monoester de cellulose

Par la suite, nous avons procédé à l'analyse RMN-^{13}C afin de constater que nous sommes bien toujours en présence des carbones cellulosique au sein du produit final, mais aussi afin de déterminer que, dans la méthodologie que nous avons développée, aucune réaction parasitaire telle que l'introduction de groupement amide émanant de l'urée lors du processus n'a lieu tel que rapporté par Yurkshtovich et al. [10]

Cet ainsi qu'en examinant attentivement le spectre de RMN-^{13}C présenté à la Figure 5.3, on note l'absence de tout pic entre 150 ppm et 200 ppm qui serait caractéristique de la présence d'un carbone amide introduit dans la structure du produit final et qui serait caractéristique d'une amidation induite par l'urée lors du processus de phosphorylation.

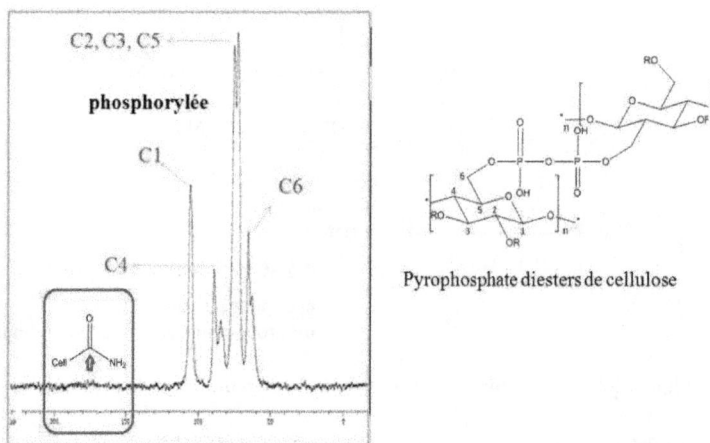

Pyrophosphate diesters de cellulose

Figure 5.3   Spectre RMN-13C caractéristique des produits synthétisés

De plus, après avoir constaté que notre produit final était exempt de carbone amide, nous avons procédé à une analyse FTIR afin d'identifier les bandes caractéristiques des vibrations du produit final (pyrophosphate de diester de cellulose ou pyrophosphate d'ester de cellulose) comparativement à celles du produit de départ (cellulose). Les spectres FTIR des produits modifié et non modifié sont présentés à la Figure 5.4. L'analyse FTIR de ces spectres nous permet de constater la diminution du pic à 3350 cm^{-1} qui est caractéristique de la fonction OH de la cellulose, cette diminution est due au fait que les fonctions OH sont substituées par des groupements phosphates. Dans certains cas, ce pic à 3350 cm^{-1} disparait presque totalement. Ceci peut s'expliquer par le fait que tous les groupements OH de la cellulose sont substitués par les groupements phosphates ou encore par le simple fait que certains groupements sont sous la forme d'alcoolates couplés avec un contre ion dans notre cas, soit l'ammonium, le lithium ou une impureté de calcium provenant des traces de calcium contenues dans l'acide phosphorique ou des traces de calcium contenues dans l'eau distillée. D'autre part, on peut également noter la présence d'une grande bande intense à 1015 cm^{-1} qui est caractéristique des vibrations d'élongation des liaisons C-O et C-O-P. Ces deux bandes apparaissent dans la même zone, il est donc difficile d'attribuer cette vibration de façon spécifique à une des deux fonctions dans le produit final. Mais au-delà de cet inconvénient, on a noté l'augmentation de cette bande comparativement au produit de départ (cellulose non phosphorylée).

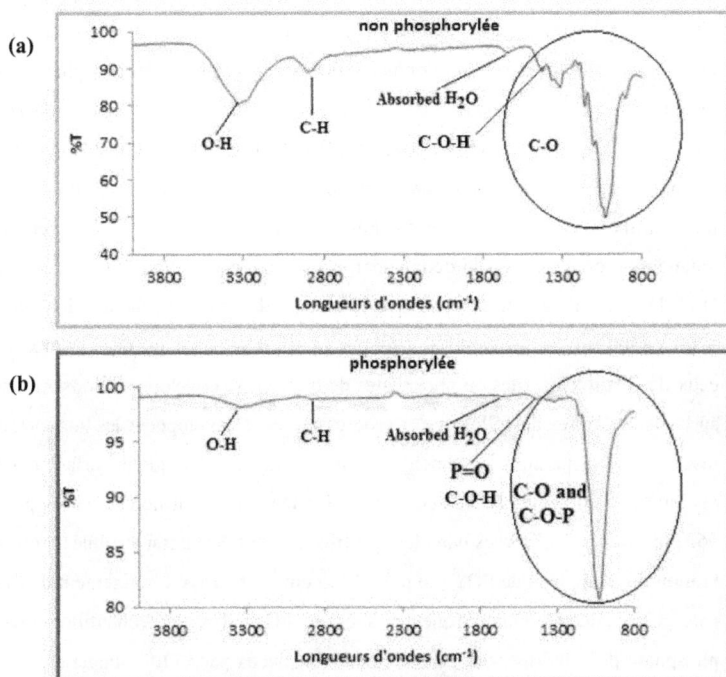

Figure 5.4   Spectres infrarouges caractéristiques de (a) la cellulose non modifiée et (b) la cellulose phosphorylée selon la méthode 2

Cette augmentation de l'intensité peut être attribuée à l'augmentation des vibrations due à la présence des groupements C-O-P additionnels émanant de la substitution des groupements OH de la cellulose par des groupements phosphates (PO_4^{2-}) de l'acide phosphorique, d'où en revanche la diminution de l'intensité des groupements OH dans le produit final comme observé précédemment. Parallèlement dans la région de 1300 à 1400 cm^{-1} on peut noter la diminution de l'intensité de la bande de vibration de déformation des liaisons C-O-H du produit de départ, dans cette même région apparaît la bande de vibration d'élongation P=O du produit phosphorylé (généralement à 1380 cm^{-1}). À côté de cette dernière on peut également observer le pic aux environs de 2895 cm^{-1} qui est caractéristique des vibrations d'élongation des groupements C-H aliphatiques. Bien que la FTIR ne semble pas être une technique adéquate pour identifier ce type de modification du matériel cellulosique, étant donné que les bandes typiques du phosphate sont généralement plus prononcées dans la région du spectre où la cellulose a déjà plusieurs bandes comme par exemple le fort pic observé à 1380 cm^{-1}, caractéristique à la fonctionnalité phosphoryle (P=O) mais rarement attribué de façon spécifique à ce groupe. Probablement, la modification introduite conduit à un déplacement de la bande vers des hautes longueurs d'ondes en raison de la superposition de la vibration P=O sur la vibration C-O-H. De plus, il faut aussi noter que l'intensité des pics se trouvant dans la région de 3200 à 3500 cm^{-1} est généralement fortement affaiblie parce que des cristaux similaires à ceux des hydroxyapatites ou phosphates de calcium se développent constamment sur les surfaces des fibres de celluloses et progressivement enveloppent les surfaces des fibres jusqu'à faire disparaitre totalement les pics, ce qui suppose que la surface des fibres est quelque peu couvertes de ces composés. Également il faut noter que les pics à 1030-962 cm^{-1} qui sont observés dans les spectres peuvent être aussi attribués au mode de vibration d'élongations de PO$_4^{3-}$, le pic à 1435 cm^{-1} est dérivé certainement de l'ion carbonates CO$_3^{2-}$, lequel indique que les sites du PO$_4^{3-}$ dans les échantillons des calcium phosphate de cellulose sont partiellement remplacés par CO$_3^{2-}$, suggérant ainsi que les cristaux de phosphate de calcium sont partiellement substitué par les carbonates. Il est bien compréhensible que le CO$_3^{2-}$ soit incorporé dans les apatites à partir de l'atmosphère même si une solution exempte de carbonates est utilisée ou que ces carbonates proviennent de la décomposition de l'urée.

En revanche les spectres FTIR des produits finaux montrent qu'il y a eu augmentation du DS$_P$, lequel peut être observé d'une part, comme une diminution de l'intensité du large pic entre 3350 cm^{-1}, puis d'autre part comme une augmentation de l'intensité du pic à 1000 cm^{-1}.

5.2.1.2 Étude des paramètres expérimentaux

Nous avons au préalable procédé à l'analyse statistique des données à l'aide du logiciel JMP afin de savoir si les résultats obtenus étaient statistiquement corrects et exploitables. Bien que cela ne soit pas approprié pour le design choisi, elle ne demeure pas inutile, car il est important pour nous de recourir à la statistique afin d'affiner les jugements sur la qualité de nos résultats et d'identifier le type d'erreurs (aléatoires ou systématiques) qui empiètent nos résultats. En effet, on peut retirer des informations intéressantes quant à la précision et l'exactitude des données, de l'analyse de la distribution, de la variance et de l'estimation des coefficients à la fois pour le DS_P et pour le DP. La Figure 5.5 Analyse de distribution des données du DSP, présente les résultats de l'analyse de la distribution des données du DS_P.

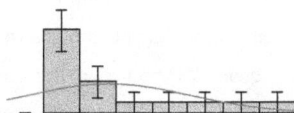

Figure 5.5 Analyse de distribution des données du DS_P

En faisant une analyse de la distribution, on constate qu'elle n'est pas tout à fait normalisée, elle n'est pas de type gaussien donc l'hypothèse centrale n'est pas respectée. À cet effet, pour confirmer le tout nous avons utilisé le test de Shapiro-Wilk, qui stipule que l'hypothèse nulle signifie que la population est normalement distribuée donc suit la courbe de Gauss. L'erreur sur les données sera considérée comme normale donc aléatoire. Ainsi, si la valeur p (p-value) est inférieure au niveau alpha choisi (W), alors l'hypothèse nulle est rejetée, donc les données ne sont pas issues d'une population normalement distribuée. Dans le cas contraire, l'hypothèse nulle est validée. Dans le cas des données de DS_P recueilli, le test W de Shapiro-Wilk nous indique que les données ne proviennent pas d'une distribution normale car la valeur de la probabilité p rejette l'hypothèse nulle : $p = 0,0032$, est inférieur à $W = 0,805459$. Donc les résultats sont bien affectés d'autres types d'erreurs que les erreurs normales ou aléatoires comme démontré par la Figure 5.5 Analyse de distribution des données du DSP.

D'autre part, l'analyse de la variance nous montre, par le rapport de Fischer, que les résultats sont significatifs, et donc permettent de conclure que les causes d'erreurs aléatoires sont les mêmes mais qu'une erreur systématique au niveau des points centraux empiète légèrement sur les résultats. De plus, l'erreur relative de 27 % décrit une faiblesse du nombre de répétition du point central, dans ce cas-ci seulement deux répétitions ont été effectuées. C'est pourquoi nous avons précisé au départ que le design choisi n'est pas adéquat pour l'estimation des coefficients de variation des données car pour cela il nous faut une taille d'échantillons plus grande. Ce design a été principalement choisi pour déterminer la variabilité des facteurs affectant les données (réponses ou DS_P) donc les conditions optimales.

L'analyse des coefficients montre que les résultats sont significatifs à 89 % mais pas à 95 %, ce qui reste tout de même intéressant. Le mode «pas à pas» montre que les résultats sont bel et bien significatifs. Mais le modèle en lui-même ne donne pas les résultats statistiques escomptés quant à l'estimation des coefficients de variation des données, certainement à cause du faibles nombre de répétition du point central comme mentionné ci-dessus. Il serait donc judicieux à l'avenir de choisir un design qui prévoit une série additionnelle de répétitions du point central afin de mieux estimer l'erreur globale et d'effectuer l'évaluation de la taille de la variance relative des coefficients et de générer les différentes coefficients de la quadratique. La Figure 5.6 Analyse de distribution des données du DP présente la distribution des données du DP.

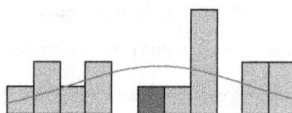

Figure 5.6 Analyse de distribution des données du DP

En faisant une analyse de la distribution, on constate qu'elle est quasi normalisée mais l'hypothèse centrale n'est toujours pas respectée. Le modèle ne respecte pas l'hypothèse centrale, mais les résultats restent néanmoins significatifs. On peut quand même procéder à l'analyse de surface avec un modèle ajusté. De plus, le test W nous indique que les données ne proviennent pas d'une distribution normale car la valeur de la probabilité p rejette l'hypothèse nulle : p = 0,1339 est inférieur à W = 0,913774, comme dans le cas du DS_P.

L'analyse de la variance nous montre par le rapport de Fischer que les résultats restent très significatifs. De plus, l'erreur relative, qui est de 30%, décrit encore une fois une faiblesse du nombre de répétition du point central. Il serait donc judicieux à l'avenir, comme mentionné ci-dessus, de choisir un design approprié, qui prévoit une série additionnelle de répétitions du point central afin de réduire l'erreur relative sous la barre de 10 % et de mieux estimer l'erreur globale mais aussi de mieux évaluer la taille de la variance relative des coefficients et de générer les différentes coefficients de la quadratique.

Dans le cas du DP, l'analyse des coefficients montre que les résultats sont significatifs à un seuil de probabilité de presque 90 %, ce qui est tout à fait intéressant et permet de valider le modèle. L'analyse du modèle en mode «pas à pas» montre que les résultats sont significatifs comme dans le cas de l'estimation des coefficients du DS_P. Mais le model en lui-même ne donne pas les résultats statistiques escomptés pour une évaluation de la taille de la variance relative des coefficients et des différentes coefficients de la quadratique, tout simplement parce que le design n'est pas adapté. La taille de l'échantillon n'est pas assez représentative d'une population de données et ne permet pas une bonne estimation de l'écart-type ou de la variance. Mais au delà de tout, les données dans leur entièreté restent néanmoins satisfaisantes et exploitables.

Mais comme nous l'avons souligné précédemment, l'objectif principal des expériences de réponses de surface du design que nous avons utilisé est de créer un modèle prédictif de la relation entre les facteurs et la réponse. L'utilisation de ce modèle prédictif nous permet de trouver les meilleurs paramètres pour mieux greffer les groupements phosphates sur le matériel cellulosique et non d'évaluer la taille de la variance relative des coefficients et les différents coefficients de la quadratique, si tel était le but nous aurons dû prévoir une série d'expérience additionnelle du point central. Donc ce n'est pas un design qui nous permet de faire un criblage et d'évaluer la taille de la variance relative des coefficients et de générer les différentes coefficients de la quadratique comme nous l'avons fait précédemment. Le design utilisé ici permet essentiellement de générer le tracé du profil de prédiction de la variance des facteurs des réponses (DS_P et DP) pour voir l'effet que la modification d'une valeur d'un facteur a sur la réponse et ainsi prédire les paramètres optimaux d'une réponse.

Ainsi dans la suite de l'analyse grâce à l'outil JMP, nous allons analyser les tracés des profils de prédiction de la variance des facteurs des réponses et générer les graphiques de réponses de surfaces, comme présenté aux Figures 5.5 à 5.7 et grâce aux profileurs de prédiction, nous allons générer les paramètres optimaux des réponses ciblées à un seuil de probabilité de 95 % (Figure 5.10). Ce sont les analyses appropriées du design généré et le but recherché lors de l'utilisation de la méthode de réponses de surface dans le cadre de notre étude.

Surface de réponse

DS_P en fonction des quantités d'acide et d'urée

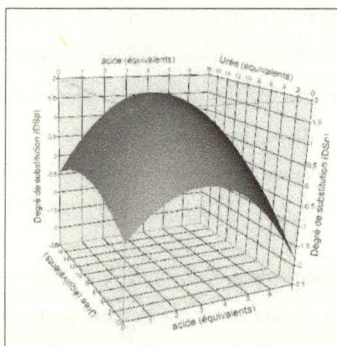

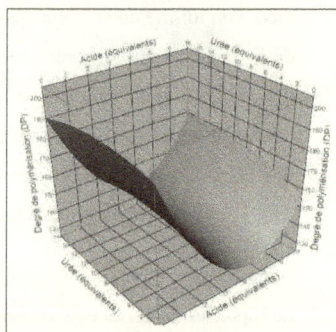

Surface de réponse

DP en fonction des quantités d'acide et d'urée

Figure 5.7   Variation du DS_P et du DP en fonction des quantités d'acide et d'urée

En observant tout d'abord la réponse de surface du DS_P en fonction du nombre d'équivalents d'acide phosphorique et d'urée (graphique jaune à la Figure 5.7), afin de déterminer les conditions optimales du procédé, on constate que le DS_P augmente avec l'augmentation du nombre d'équivalents d'acide et d'urée jusqu'à un optimum d'environ 3,3 équivalents molaires pour l'acide et 9,2 équivalents molaires pour l'urée au-delà de ces optimum, le DS_P décroit. Cela peut s'expliquer par le fait que jusqu'aux valeurs optimales d'acide phosphorique et d'urée, la réaction de substitution évolue de façon croissante, mais au-delà de ces valeurs optimales, un autre type de réaction prend place et entraine la diminution du DS_P. Cet autre type de réaction n'est autre que la réaction d'hydrolyse, car en observant attentivement la réponse de surface du DP en fonction du nombre d'équivalents d'acide phosphorique et d'urée (graphique violet à la Figure 5.7), on constate que l'augmentation du nombre d'équivalents d'acide contribue à diminuer le DP jusqu'à une valeur optimale d'équivalents molaires d'acide de 3,3. Comme constaté précédemment, au-delà de la valeur optimale d'équivalents d'acide, une légère augmentation peut avoir lieu. Mais ce qui est encore étonnant, ce que nous constatons que l'urée n'a aucun effet notable sur la variation du DP, alors la diminution du DP serait attribuée essentiellement au phénomène d'hydrolyse acide induit par l'acide phosphorique jusqu'à un certain seuil ensuite s'installe un genre d'équilibre.

Surface de réponse

DS_P en fonction de la quantité d'acide et de la température

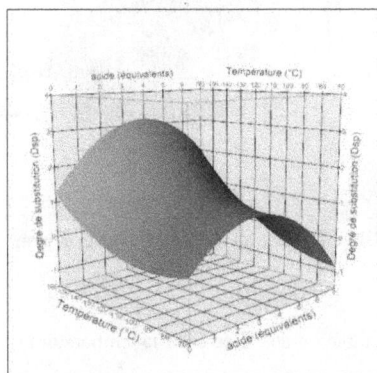

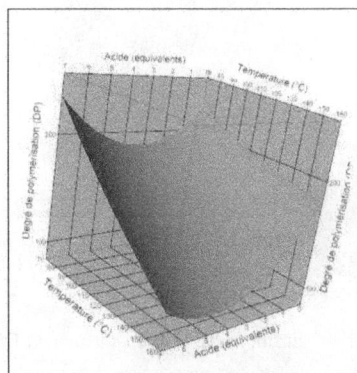

Surface de réponse

DP en fonction de la quantité d'acide et de la température

Figure 5.8   Variation du DS_P et du DP en fonction du taux d'acide et de la température

D'autre part, la réponse de surface du DS_P en fonction du nombre d'équivalents d'acide et de la température (graphique jaune à la Figure 5.8) montre évidemment que le DS_P augmente avec l'augmentation de la température et du nombre d'équivalents d'acide comme vu précédemment. La quantité optimale d'équivalents d'acides étant connue (3,3 eq mol), nous avons pu remarquer que la température optimale était de 115°C. De plus, la réponse de surface du DP en fonction du nombre d'équivalents d'acides et de la température (graphique violet à la Figure 5.8) nous laisse observer que les deux paramètres contribuent à diminuer considérablement le DP. Cette diminution du DP peut être attribuée à une synergie d'une part due à la dégradation thermique sous l'effet de la température et d'autre à une hydrolyse acide comme évoqué précédemment.

Surface de réponse

DS_P en fonction de la quantité d'urée et de la température

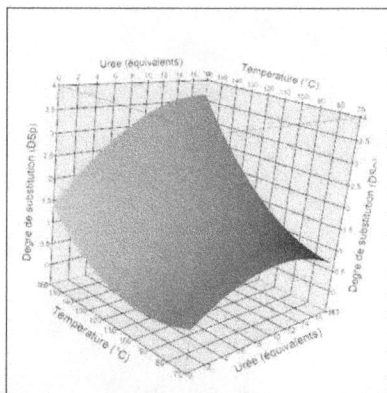

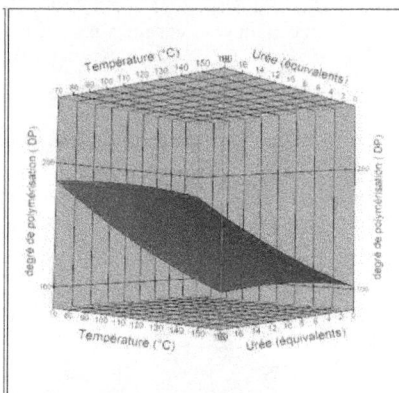

Surface de réponse

DP en fonction de la quantité d'urée et de la température

Figure 5.9   **Variation du DS_P et DP en fonction de la quantité d'urée et de la température**

Enfin, la réponse de surface du DS_P en fonction de l'urée et de la température (graphique jaune à la Figure 5.9) nous a permis de constater effectivement que l'urée et la température tous deux contribuent à augmenter le DS_P. Par contre, quant au DP (graphique violet à la Figure 5.9), l'urée n'a aucun effet sur le DP, seul la température contribue à la diminution du DP.

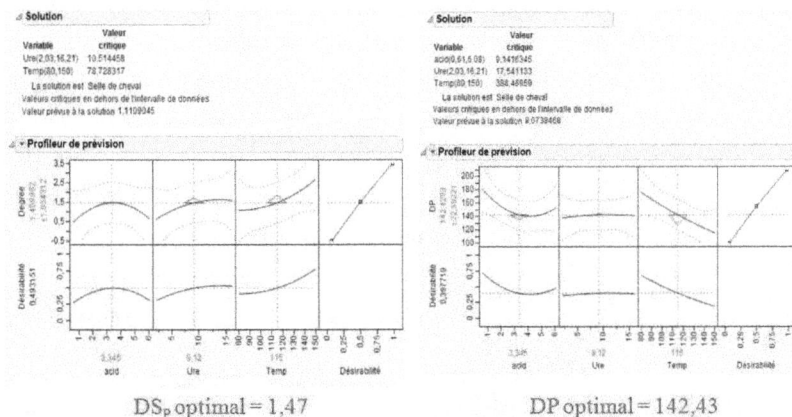

DS$_P$ optimal = 1,47   DP optimal = 142,43

Figure 5.10   Détermination prévisionnelle des conditions optimales

En somme, nous avons vu que les trois paramètres (acide, urée et température) contribuent tous les trois à augmenter le DS$_P$. Par contre, l'acide et la température tous deux contribuent à diminuer le DP, alors que l'urée n'a aucun impact négatif sur la taille du polymère de départ. Donc, l'urée demeure un catalyseur ou encore mieux un solvant adéquat pour la réaction de phosphorylation, en ce sens que c'est un bon agent chaotropique (dénaturant) des macromolécules. Il contribue à diminuer le réseau cristallin grâce à sa force ionique et à favoriser la solubilisation partielle de la macromolécule sans pour autant affecter sa taille (DP), comparativement aux autres agents chaotropiques (sels d'hydrates fondus tels que LiClO$_4$) ce qui permet de modifier plus facilement la cellulose. Il forme d'autre part, avec l'acide phosphorique, un complexe d'ammonium phosphate qui demeure le meilleur agent de phosphorylation. [31].

Il faut aussi noter que lors de la modélisation de nos données expérimentales avec le logiciel JMP (Figure 5.10), on a pu constater qu'aux conditions optimales (T = 115°C, acide = 3,3 eq mol et urée = 9,1 eq mol) le DS$_P$ était de 1,47, ce qui est tout à fait intéressant pour les applications que nous voulons faire, car nous recherchons un $DS_P \geq 1$. Puis, à ces même conditions optimales, le DP optimal généré par l'étude prédictive avec le logiciel JMP était de 142,43; ce qui représente une perte massique de notre polymère de départ d'environ 38 %, ce qui reste intéressant et exploitable, bien que nous voulions au mieux garder le D à sa valeur initiale. D'ailleurs, c'est à cet effet que, dans la suite de nos expériences, nous avons reconsidéré certaines conditions du design pour des fins de comparaison et afin de ramener le pourcentage de perte massique à moins de 35 %. De plus, afin d'examiner plus en détails les résultats, nous avons porté en graphique à la Figure 5.11 les données du DP en fonction des données du DS_P.

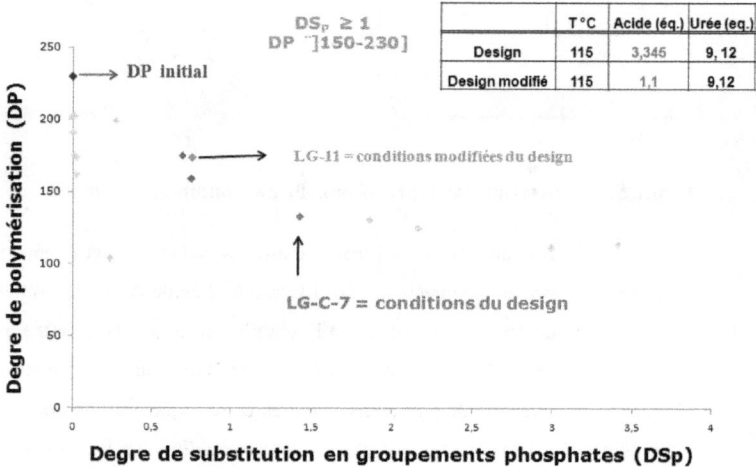

Figure 5.11   Variation DS_P en fonction du DP

On peut observer ici une tendance générale, plus le DS_P augmente plus le DP baisse, ceci peut être relié aux paramètres expérimentaux qui sont la température, la quantité en acide phosphorique et en urée, comme nous l'avons vu lors de l'étude des paramètres expérimentaux à la section 5.2.1.2. Ainsi, on peut subdiviser l'axe des abscisses en cinq zones selon le DS_P.

Dans la première zone, où le degré de substitution est presque nul ($DS_P \approx 0$) on constate qu'on a une perte massique variant de 10 % à 30 %. Cette perte est certainement le résultat de l'hydrolyse de la fibre par l'acidité provenant de l'acide phosphorique. D'autre part, le faible DS_P peut être associé avec une faible activation du processus de phosphorylation due à la faible température et à la faible quantité d'urée lors de l'imprégnation du matériel cellulosique. Donc une faible température et une faible quantité d'urée comparativement à la quantité d'acide limitent le processus de phosphorylation et favorisent l'hydrolyse.

Dans la deuxième zone, où le degré de substitution est d'environ 0,3 ($DS_P \leq 0,5$), on constate effectivement que la perte massique varie entre 10 % et 55 %, donc une augmentation de près de 25 % comparativement à la zone 1. Cette augmentation peut être attribuée en général au passage de la température de 80°C à 150°C. Donc une augmentation de la température peut entrainer une légère augmentation du rendement du processus de phosphorylation.

Dans la zone trois où le DS_P est d'environ 0,75 ($DS_P \approx 1$) et où la perte massique varie entre 20 % et 30 %, on a un très bon degré de substitution qui est nécessairement le résultat d'un bon rapport acide:urée et d'une bonne température, qui est supérieure ou égale à 115°C.

Dans la zone quatre où le DS_P est en moyenne de 1,8 ($DS_P \approx 2$) où la perte massique est près de 45 %, on a un très bon degré de substitution, certainement dû à un faible rapport acide:urée et une température supérieure à la température optimale (150°C) qui favorisent le déplacement de l'équilibre vers la formation des produits phosphorylées. De plus, l'augmentation du DS_P comparativement à la zone 3 est due tout simplement à l'augmentation du nombre d'équivalents d'acide utilisés dans les échantillons de la zone 4 comparativement aux nombre d'équivalents utilisés dans les échantillons de la zone 3.

Enfin, dans la zone 5 où le DS_P est presque maximal ($DS_P \approx 3$), on enregistre une perte massique d'environ 50 % à une température réactionnelle élevée et un bon rapport acide:urée. Par contre, celui-ci est associé à une forte quantité d'acide jumelée à une forte température qui est à l'origine de la forte perte massique. Il faut noter qu'un DS_P supérieur à 3 est caractéristique de la formation des chaines d'oligophosphates, tels que les esters de pyrophosphates de cellulose, ce qui est confirmé par la RMN-^{31}P.

En somme, la réaction de phosphorylation sur la cellulose en poudre s'est réalisée avec succès. Elle nous a permis de déterminer les conditions optimales à considérer pour la transposition de la réaction sur la pâte kraft ainsi que d'identifier les paramètres affectant le DS_P et le DP, de modifier les conditions optimales selon les résultats escomptés, c'est-à-dire selon le degré de greffage recherché et le degré de polymérisation nécessaire pour les applications ciblées. De plus, nous savons après l'analyse précédente, qu'un rapport acide:urée élevé ainsi qu'une faible température réactionnelle, inférieure à la température optimale, limitent le processus de phosphorylation de la cellulose. Mais un rapport acide:urée $\leq 0,3$ et une température $\geq 115°C$ favorisent un bon rendement réactionnel. Il faut noter que la réaction entraine une forte baisse du DP de la cellulose, qui est associé à l'acidité du milieu réactionnel et à l'énergie thermique fournie lors de la réaction. Les analyses spectroscopiques ont finalement permis de déterminer que le produit principal de la réaction est le pyrophosphate de diester de cellulose.

5.2.2 Greffage de l'acide phosphorique sur la pâte kraft

En poursuivant notre analyse des résultats obtenus, nous allons tout d'abord examiner l'effet de certaines conditions du design expérimental qui ont le moins dégradé ou moyennement dégradé la cellulose sur la pâte kraft pour des fin de comparaison et afin de valider la transposition des conditions réactionnelles de la cellulose en poudre sur la pâte kraft. Il s'agit essentiellement des échantillons se trouvant dans la zone 3 examinée précédemment : essais 8, 11 et 13.

5.2.2.1 Résultats de la transposition de la réaction de phosphorylation sur la pâte kraft

En comparant les résultats obtenus avec la pâte kraft, présentés au Tableau 5.3, on constate que le DS_P obtenu avec la pâte kraft est inférieur à celui obtenu avec la cellulose en poudre pour les différents échantillons. Ceci peut être attribué à la faible surface spécifique de la fibre kraft comparativement à la cellulose en poudre dite microcristalline. De plus, on constate dans les différents échantillons phosphorylés de pâte kraft, une variation du DS_P selon le degré de coupure : pour un degré de coupure de près de la moitié du polymère de départ, on a enregistré un DS_P d'environ 0,33 pour les échantillons 8 et 11; alors que pour un degré de coupure de près des 3/4 du polymère de départ, on observe une légère augmentation du rendement de phosphorylation qui se traduit par un DS_P de 0,48. Cet effet peut tout simplement être attribué à l'augmentation de la surface spécifique engendrée par le processus de dépolymérisation ou de coupure du polymère. Par contre, pour la cellulose en poudre dite microcristalline, avec un degré de coupure de près de 1/5 pour les trois échantillons testés, on observe une tendance générale et uniforme dans le processus de phosphorylation qui se traduit par un DS_P en moyenne de 0,55. En comparant les deux matériaux de départ, on constate effectivement que la pâte kraft est plus sensible aux conditions réactionnelles que la cellulose en poudre car pour les mêmes conditions, on enregistre en moyenne un degré de coupure de 1/2 par rapport au polymère de départ comparativement à la cellulose en poudre où enregistre un degré de coupure moyen de près de 1/5 du polymère de départ. Cette différence dans la sensibilité du polymère est tout à fait normale car nous savons que dans la pâte kraft, nous avons encore une multitude de réseaux amorphes très sensibles aux conditions acides comparativement aux réseaux cristallins, Alors que la cellulose en poudre qui est constituée majoritairement de réseaux cristallins est difficile d'atteinte et encore plus résistante que la pâte kraft à l'acidité du milieu.

En somme la réaction de phosphorylation de la cellulose en poudre n'est pas directement transposable à la fibre kraft. Il serait plus judicieux de reconsidérer le design pour la fibre directement et limiter l'utilisation de l'acide phosphorique, qui est le principal facteur de dépolymérisation de la fibre. L'utilisation de sels de phosphate d'ammonium ou de sodium comme suggéré par Nuessle et al. [31], lors des études des aspects sur la phosphorylation des tissus de coton, peut s'avérer une alternative intéressante.

Pour des fins d'application, nous avons tout d'abord considéré les conditions optimales du design obtenu après l'étude prédictive des paramètres optimaux à l'aide du logiciel JMP, puis avions modifié ces conditions optimales pour qu'elles conviennent à nos objectifs à atteindre.

Tableau 5.3   Évaluation de la transposition de la réaction de phosphorylation sur la pâte kraft

PATE KRAFT			
Essai	DS_P	DP	Dépolymérisation (%)
LG-P-0	----	1306,9	----
LG-P-8	0,35	603,9	53,8
LG-P-11	0,31	532,7	59,2
LG-P-13	0,48	323,7	75,2
CELLULOSE			
Essai	DS_P	DP	Dépolymérisation (%)
LG-C-0	----	229,8	----
LG-C-8	0,55	185,2	19,4
LG-C-11	0,55	190,0	17,3
LG-C-13	0,56	173,8	24,4

5.2.2.2 Résultats de la phosphorylation de la pâte kraft avec les conditions optimales du design et les conditions optimales modifiées

À partir des résultats du greffage sur la cellulose en poudre, on a pu déterminer les conditions optimales par modélisation à l'aide d'un plan composite centré avec le logiciel JMP; ce qui nous a permis, à l'aide de la réponse de surface, de déterminer les conditions expérimentales à exploiter ainsi que d'autres conditions qui sont susceptibles d'être intéressantes (appelées « design modifié ») à considérer pour la phosphorylation de la pâte kraft. Ces conditions sont présentées au Tableau 5.4. De plus il faut noter que les conditions modifiées du design ont été établies sur la base qu'on désirait un degré de polymérisation le plus élevé possible donc supérieur à 150 (DP optimal) ou compris entre 150 et 230 pour la cellulose en poudre; de plus qu'un degré de substitution supérieur ou égal à 1 était satisfaisant pour les applications ciblées. Alors à cet effet, nous avons tout simplement diminué la quantité en acide qui est le facteur principal, responsable de la dépolymérisation de la fibre.

Tableau 5.4   Conditions expérimentales pour la modification de la pâte kraft selon les conditions du design optimisée par modélisation et selon les conditions modifiées du design optimisé

	Température (°C)	Acide (eq)	Urée (eq)
Design	115	3,345	9, 12
Design modifié	115	1,1	9,12

5.2.2.3 Résultats des analyses chimiques de la pâte kraft phosphorylée

Le Tableau 5.5 nous présente les résultats de la modification de la pâte kraft selon les conditions optimales du design et selon les conditions optimales modifiées du design. Comme on peut le constater, les conditions du design nous ont données un DS_P de 1,29 avec un DP de 532,74, ce qui représente une perte massique de près de 59 % dans le cas de la fibre phosphorylée. Comparativement aux conditions optimales prévues par la modélisation des résultats sur la cellulose en poudre qui était de 1,47 pour le DS_P et 142,43 pour DP, cette dernière valeur représentant un pourcentage de coupure de 38 %. Nous pouvons alors observer que les résultats optimaux prévus par la modélisation du plan composite centré avec la cellulose en poudre ne sont pas rencontrés avec la pâte kraft, ce qui nous permet de conclure une fois de plus qu'il n'est pas possible de transposer les résultats de la cellulose en poudre sur la pâte kraft dans la mesure où au plan structurel les deux composés sont totalement différents comme nous l'avons vu ci-dessus. Donc il est presque impossible de se référer aux résultats obtenus sur la cellulose en poudre de façon absolue comme guide pour prédire les résultats sur la pâte kraft suite à cette différence structurelle des deux composés, bien qu'ils aient la même composition chimique. Par contre les conditions du « design modifié » qui diffèrent des conditions du design exclusivement par le nombre d'équivalents d'acide, donc 1,1 eq mol au lieu de 3,345 eq mol ont données les résultats suivants. Nous avons obtenu un DS_P de 1,03 et un DP de 603,91 qui représente un taux de coupure d'environ 54 %. Ces derniers résultats restent forts intéressants dans la mesure où nous avons diminué de façon considérable le nombre d'équivalents d'acide et avons obtenus des résultats semblables à ceux des conditions optimales du design initial. De plus, les résultats du design modifié nous ont permis d'obtenir un rendement réactionnel de 93,64 % comparativement aux résultats du design qui affichent un rendement de 38,57 %.

Tableau 5.5 Résultats du dosage quantitatif du phosphore (DS_P) et du degré de dégradation (DP) de la pâte kraft

	Design	Design modifié
DS_P	1,29	1,03
DP	532,74	603,91
% coupure	59,24	53,79

En poursuivant l'analyse des produits synthétisés, nous avons caractérisé, le produit de la réaction avec la pâte kraft par RMN-[13]C (Figure 5.12). L'analyse RMN-[13]C a permis de confirmer la structure cellulosique par l'identification de ses carbones caractéristiques. Comme on peut le constater par les deux spectres à la Figure 5.12, le squelette carboné de la cellulose phosphorylée est identique à celui de la cellulose non phosphorylée, alors notre réaction n'a donc pas modifié ou altéré le squelette carboné du produit de départ; ce qui est un constat fort intéressant car ce n'était pas le but escompté dans cette étude. De plus cette technique d'analyse a permis de confirmer l'absence de toute réaction parasitaire généralement observée lors du processus de phosphorylation en présence d'urée qui est la réaction de carbamidation, comme mention plus haut lors de la caractérisation de la cellulose en poudre phosphorylée. La présence de carbamide est généralement mise en évidence par l'apparition d'un pic de carbone dans la région de 150 à 200 ppm. Alors l'absence de pics dans cette région confirme effectivement l'absence de l'introduction d'un groupement amide issu de l'urée lors du processus de phosphorylation.

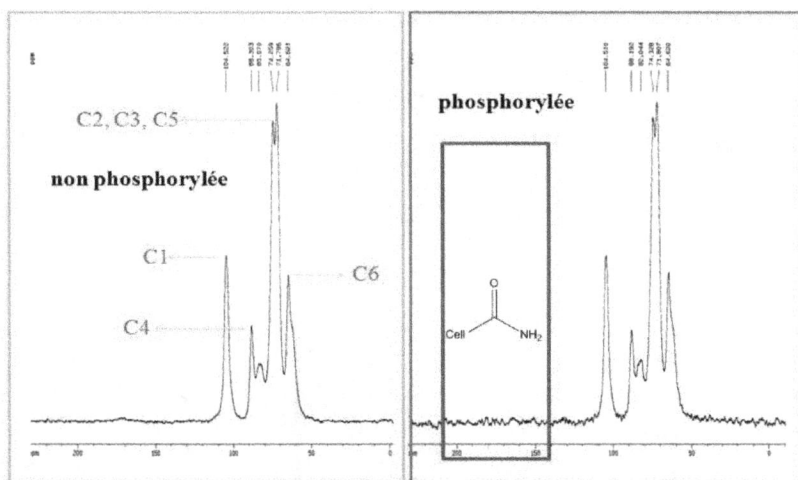

Figure 5.12   Spectres RMN-^{13}C de la pâte kraft phosphorylée et non phosphorylée

En poursuivant la caractérisation de nos produits, nous avons procédé à l'analyse RMN-^{31}P (Figure 5.13). Cette analyse nous permet de confirmer l'introduction de groupements phosphates et de tenter d'identifier la structure des produits de synthèse. À cet effet, l'analyse RMN-^{31}P a révélé un pic unique aux environs de 9,88 ppm comparativement au matériel de départ non phosphorylé qui ne présentait uniquement qu'un bruit de fond dans son spectre, caractéristique de l'absence du phosphore dans le produit de départ. Donc la réaction de phosphorylation à bel et bien eu lieu. De plus le pic à 9,88 ppm est caractéristique du pyrophosphate de diester de pâte kraft. Alors on peut également confirmer que le produit principal de la réaction de phosphorylation de la pâte kraft est l'ester de pyrophosphate de pâte kraft ou son analogue réticulé comme discuté précédemment lors de l'analyse RMN-^{31}P des produits de modification de la cellulose en poudre.

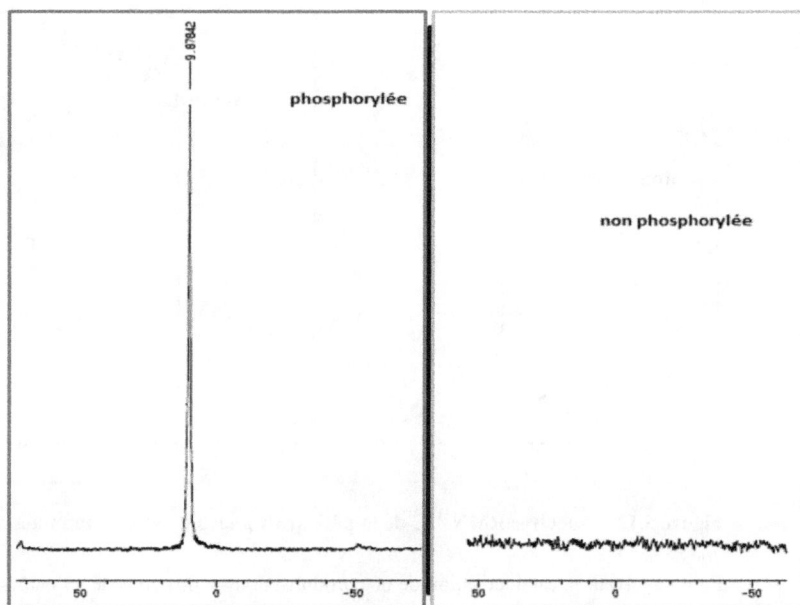

Figure 5.13   Spectres RMN-^{31}P de la pâte kraft phosphorylée et non phosphorylée

En somme, il faut également retenir que la réaction de phosphorylation sur la pâte kraft s'est réalisée avec succès, bien que les résultats obtenus sur la cellulose en poudre n'étaient pas directement transposables et que d'autre part nous avons noté une baisse considérable du degré de polymérisation de la pâte kraft, essentiellement due à l'acidité du milieu réactionnel et à la proportion de réseaux cristallins et amorphes, comparativement à la cellulose en poudre.

De plus, à partir des analyses spectroscopiques, nous avons constaté à nouveau que le produit principal de la réaction était le pyrophosphate de diester de fibre kraft et que le processus de phosphorylation était exempt de réaction parasitaire de carbamidation, puis aucune altération du squelette carboné cellulosique n'a été observée.

Enfin les conditions optimales modifiées nous ont permis d'obtenir un bien meilleur rendement que les conditions optimales du design obtenu par modélisation.

5.2.2.4 Évaluation des tests physico-mécaniques et optiques du matériel modifié

L'évaluation des propriétés physico-mécaniques et optiques s'est déroulée sur des feuilles fabriquées au laboratoire avec la méthode standard Tappi-T569. Les premiers résultats obtenus lors de l'évaluation des feuilles fabriquées étaient les résultats de cohésion interne des feuilles (Figure 5.14). La cohésion interne définit donc la force de liaison inter-fibres donc entre les fibres elles-mêmes, mais en réalité, la façon dont le test est conçu, cette mesure permet d'évaluer la force nécessaire pour délaminer les fibres sous forme de couches. À cet effet, on constate effectivement que le greffage des groupements phosphates affecte de façon significative la force de cohésion entre les fibres, que ce soit pour les feuilles modifiés selon les conditions optimales du design déterminées par modélisation ou des conditions modifiées du design optimal déjà discutées ci-dessus. Comme le montre la Figure 5.14, les énergies pour délaminer les fibres dans une direction perpendiculaire au plan de la feuille sont moins importantes pour les feuilles phosphorylées (70 J/m^2) comparativement à la feuille non phosphorylée («Ctrl» ou feuille contrôle) (105 J/m^2). Cette différence peut s'expliquer par le fait que ces groupements s'introduisent entre les fibres et par conséquent augmentent la distance de liaison entre les fibres, c'est-à-dire le remplacement des groupements hydroxyles (–OH) par les groupements phosphates (–H_2PO_4). Ces groupements sont plus volumineux que les groupements hydroxyles car comme nous le savons en chimie, plus les atomes sont petits, plus la force de liaison entre eux va être grande et plus ils sont gros ou volumineux, moins la force de liaison va être grande. D'où la diminution de la force de cohésion interne des fibres observée lors du processus de phosphorylation de ces dernières.

D'autre part, la coupure de la fibre peut également être une des raisons de la diminution de la cohésion des fibres car une fibre plus courte laisse entrevoir moins de liaison comparativement à une fibre plus longue, alors la délamination de la couche peut demander moins d'énergie. On peut également constater que les conditions opératoires (acidité du milieu réactionnelle principalement) n'ont aucun effet sur la cohésion interne des fibres car les deux échantillons («design» versus «design modifié») ne présentent pas de différence quant à leur cohésion interne. Quoiqu'il faut noter que le degré de coupure entre les deux échantillons modifiés ne diffère que de 5 %, ce qui peut justifier cette observation.

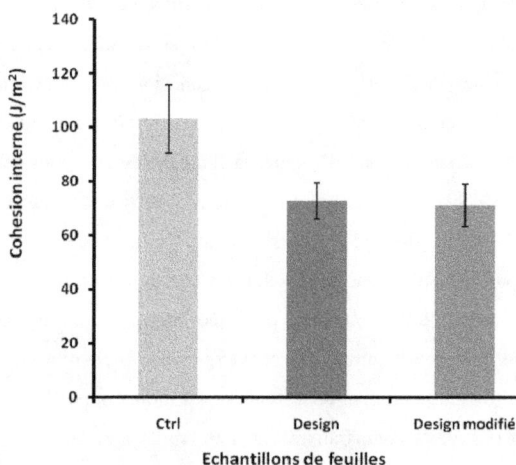

Figure 5.14   Cohésion interne des feuilles fabriquées

En poursuivant l'évaluation des propriétés papetières des feuilles fabriquées selon les deux conditions sélectionnées «design» et «design modifié», nous avons également entrepris la mesure des propriétés de déchirure des feuilles (Figure 5.15) Il faut retenir que la déchirure caractérise les liaisons internes de la fibre. Elle donne, en réalité, une idée globale de la résistance de la fibre. En analysant les résultats de la Figure 5.15, on constate effectivement que l'indice de déchirure dans les deux échantillons de feuilles «design» et «design modifié» a baissé respectivement de 6 et 14 mN m²/g comparativement à la feuille non modifiée «Ctrl» qui a un indice de déchirure de 19,5 mN m²/g. À cet effet, la réaction de phosphorylation des fibres conduit à l'affaiblissement de la fibre, observé ici par l'abaissement de la déchirure. Mais encore, plus on modifie la fibre ou plus en greffe des groupements phosphates sur la fibre, plus on diminue la résistance interne de la fibre, c'est-à-dire plus on affaiblit les liaisons des intermoléculaires qui constituent la fibre. Ceci qui signifie que les conditions acides ont un fort impact sur les propriétés de déchirure. Tout ceci peut s'expliquer par le même phénomène discuté plus haut pour la cohésion interne entre les fibres, des atomes plus volumineux, remplacent des atomes plus petits, par conséquent élargissent la distance de liaison, ce qui a pour effet d'affaiblir la force de liaison interne de la fibre. De plus la coupure de la fibre par les conditions acides n'en demeure pas moins négligeable. La différence avec la cohésion interne est que la mesure de cohésion interne se déroule à l'échelle macroscopique (liaisons inter-fibres) tandis que dans le cas de la déchirure, la mesure se fait au niveau microscopique, donc évalue les liaisons à l'intérieur de la fibre d'où un impact plus prononcé que dans le cas de la cohésion interne. On peut alors constater que les liaisons intra-fibre sont plus sensibles aux conditions de réaction (acidité, température, urée etc.) que les liaisons inter fibres.

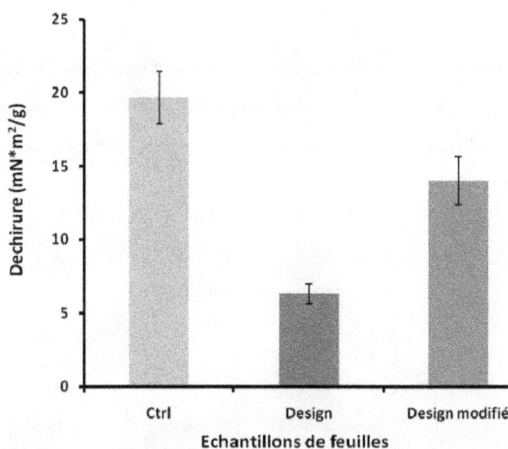

Figure 5.15   Indice de déchirure des feuilles fabriquées

De plus, concernant le test d'éclatement, nous avons porté en graphique l'indice d'éclatement des différentes feuilles phosphorylée. Le test a été effectué selon la méthode PAPTAC-D.8 Les résultats du test sont présentés à la Figure 5.16.

Comme nous pouvons le constaté le graphique de la Figure 5.16, nous présente l'indice d'éclatement pour les différents échantillons de feuilles fabriquées. Comme on peut l'observer les échantillons de feuilles phosphorylées que ça soit par la méthode «design» ou «design modifié» présentent tous les deux des indices d'éclatement inférieures de 1,1 kPa•m^2/g comparativement à celui de la feuille «Contrôle (Ctrl)» qui est de 1,6 kPa•m^2/g, ce qui signifie que le processus de phosphorylation de la fibre diminue significativement l'indice d'éclatement de la feuille fabriquée. Comme on l'a vu à la section 4.5.1.3 du Chapitre 4 que l'éclatement définie de façon physique et mathématique la résistance (la pression maximale) à la rupture et à l'allongement du papier. On constate donc que physiquement le processus de phosphorylation rend le produit final moins résistant à la rupture lorsqu'une pression est appliquée perpendiculairement au plan de la feuille fabriqué. Ce qui signifie que le processus de phosphorylation diminue les liaisons interfibres perpendiculairement au plan de la feuille; ceci peut être attribué au processus de dépolymérisation de la fibre qui est corrélé à la baisse du DP et de greffage des groupements volumineux (groupement phosphates). Comme on peut le comprendre il existe moins de liaison entre les fibres dans une fibre plus courte, comparativement à une fibre plus longue.

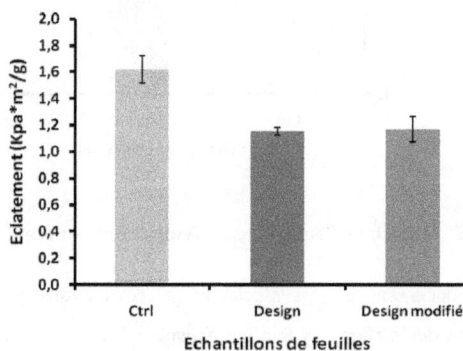

Figure 5.16   Indice d'éclatement des feuilles fabriquées

Pour terminer avec les analyses de type destructif, nous avons procédé à l'évaluation des propriétés de rupture. La Figure 5.17 nous permet d'observer une fois de plus que la modification de la fibre kraft par réaction de phosphorylation diminue significativement la rupture que ça soit pour les feuilles modifiées selon les conditions «design» 12 Nm/g ou «design modifié» 17 Nm/g, comparativement au «Ctrl» 24 Nm/g.

De plus, on constate que dans les deux méthodologies («design» et «design modifié»), qui diffèrent par le nombre d'équivalents en acide, la méthodologie «design» qui contient le plus d'équivalents d'acide, donc le plus bas DP, montre un plus bas indice de rupture comparativement à la méthodologie «design modifié». Ainsi cette diminution peut être attribuée à la coupure de la fibre mais encore à l'introduction des groupements phosphates qui rendent le papier plus poreux. Sachant que la rupture détermine les points faibles dans le matériau, donc le degré de liaison entre les fibres ou encore la force générale du papier. On comprend que diminuer la force maximale qu'une feuille de papier peut supporter avant de se rompre et s'allonger consiste à diminuer la valeur du papier; ce qui fait de cette propriété l'une des plus importante dans la caractérisation de tout papier.

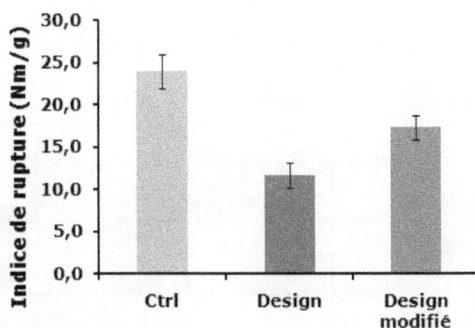

Figure 5.17   Indice de rupture des feuilles fabriquées

En poursuivant l'analyse des propriétés des feuilles fabriquées, nous avons procédé à la mesure de deux propriétés optiques : l'opacité et la blancheur. Les résultats pour l'opacité sont présentés à la Figure 5.18. Les résultats nous montrent que le processus de phosphorylation a pour effet de diminuer la propriété d'opacité, où on enregistre 71 % d'opacité pour les feuilles fabriquées selon la méthodologie «design» contre 77,5 % pour la méthodologie «design modifié» comparativement aux feuilles «Crtl» qui avaient une opacité de 78,5 %. En observant attentivement les résultats, on voit que la différence en opacité obtenue avec les feuilles de la méthodologie «design modifié» comparativement aux feuilles «Ctrl» n'est pas significative. On peut donc conclure que dans les conditions du «design modifié» l'opacité n'est pas vraiment affectée. Par contre une différence as- sez significative a été observée dans les résultats du «design» comparé à ceux du «design modifié» et de la feuille «Ctrl». Sachant que l'opacité caractérise la distribution des pores, donc un petit changement dans la structure de la fibre apporte des changements dans l'opacité. D'autre part, le phosphate contient des groupements chromophores, donc qui absorbent de la lumière et ainsi diminuent la réflexion mais par contre augmentent l'opacité. À cet effet on comprend que l'opacité est une propriété versatile car elle peut être augmentée en augmentant la quantité de lumière réfléchie (obstruction du passage de la lumière par diminution des pores du matériau) ou en augmentant la quantité de lumière absorbée (greffage des groupements chromophores).

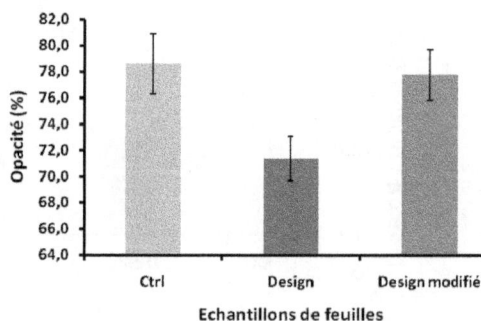

Figure 5.18   Opacité des feuilles fabriquées

La Figure 5.19 montre l'évaluation de la blancheur des feuilles fabriquées. Nous observons qu'avec les feuilles modifiées selon les conditions «design», nous avons obtenu une blancheur de 78,7 % significativement supérieure à celle des feuilles «Ctrl» 78%. Par contre pour les feuilles fabriquées selon les conditions «design modifié» nous avons obtenu une blancheur de 75,5 % significativement inférieure non seulement à la feuille fabriquée selon les conditions «design modifié» mais aussi par rapport à la feuille contrôle. Mais comme nous le savons, la blancheur est définie comme la mesure de la réflectance du papier dans la région du bleu (400-500 nm). Alors une faible blancheur comme observé dans les feuilles fabriquées selon les conditions «design modifié» signifie une faible réflectance du bleu; ce qui est équivaut à une hausse du jaunissement. De plus des changements dans la structure de la fibre (diminution de la taille engendrée par la diminution du DP) entrainent une augmentation de la quantité de lumière réfléchie donc une augmentation de la blancheur. D'autre part, une augmentation de la lumière absorbée causée par l'augmentation des groupements phosphates entraine une diminution de la réflectance du bleu, et par conséquent une augmentation de la tendance au jaunissement. D'autre part, il faut retenir que même si la coupure de la fibre et le greffage des groupements phosphates affectent les propriétés papetières, il n'en demeure moins pas que la quantité de fines peut aussi affecter les propriétés papetières comme que l'opacité et bien d'autres.

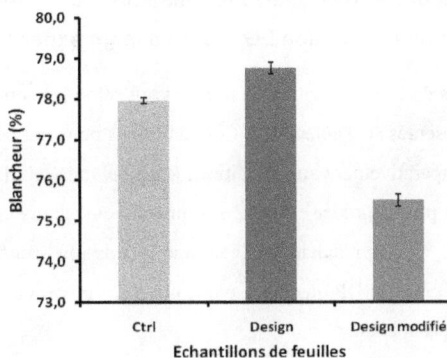

Figure 5.19   Blancheur des feuilles fabriquées

5.2.2.5 Exploitation de la condition LG-P-9 du design expérimental pour des fins de biomatériaux

Dans cette étude, nous voulions également phosphoryler le plus possible la pâte kraft afin de lui conférer deux propriétés particulières qui sont : les propriétés d'ultra-absorbance et les propriétés de résistance à la flamme. Pour ce faire, nous avons considéré les conditions du design expérimentale qui permettaient de greffer le plus de groupements phosphates possible sur la cellulose en poudre, en l'occurrence les conditions de l'essai 9, sans tenir compte du degré de dépolymerisation. Nous avons donc appliqué ces conditions expérimentales sur la pâte kraft (Tableau 5.6). Ces conditions diffèrent des conditions du «design» optimisé par modélisation, par la température réactionnelle qui est à 150°C pour l'essai 9 du «design» expérimental au lieu de 115°C pour les conditions optimales du «design» modélisées.

Tableau 5.6   Conditions expérimentales pour la modification de la pâte kraft selon les conditions de l'essai LG-P-9 du design expérimental

Essai	Température (°C)	Acide (eq.)	Urée (eq.)
LG-P-9	150	3,345	9, 12

5.2.2.6 Résultats des analyses chimiques de la pâte kraft phosphorylée selon la condition LG-P-9 du design expérimental

Les résultats de la modification de la pâte kraft selon les conditions de l'échantillon LG-P-9 sont présentés au Tableau 5.7. Ces conditions nous ont permis d'obtenir un haut DS_P de 1,66 comparativement aux conditions «design» qui était de 1,29. Mais par conséquent la fibre était plus dégradée : 86,06 % comparativement aux conditions «design» qui donnaient 59,24 %. Ces résultats viennent une fois de plus confirmer l'effet de la température sur le DS_P et le DP que nous avons observée précédemment lors de l'étude des paramètres expérimentaux.

Tableau 5.7 Résultats du dosage quantitatif du phosphore (DS$_P$) et du DP de la pâte kraft

Propriété	Résultat pour LG-P-9
DS$_P$	1,66
DP	182,15
% coupure	86,06

Par la suite, le produit de la réaction était analysé par XPS, ainsi que la pâte kraft non modifiée pour des fins de comparaison. Le spectre XPS de la pâte kraft non modifiée est présenté à la Figure 5.20. De plus, les spectres de déconvolution du carbone C1s et de l'oxygène O1s de la pâte kraft non phosphorylée ont été enregistrés et sont présentés aux Figures 5.19 et 5.20.

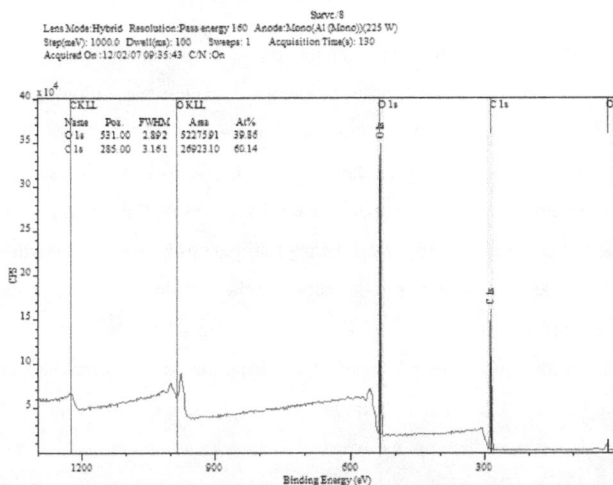

Figure 5.20 Spectre XPS de la fibre kraft non phosphorylée

Le spectre XPS de la pâte kraft non modifiée montre essentielle deux pics qui sont caractéristiques du carbone C1s à 285 eV et de l'oxygène O1s à 531 eV avec des aires sous les pics respectives de 60,14 et 39,86 %, ce qui permet de noter un rapport O/C de 0,66.

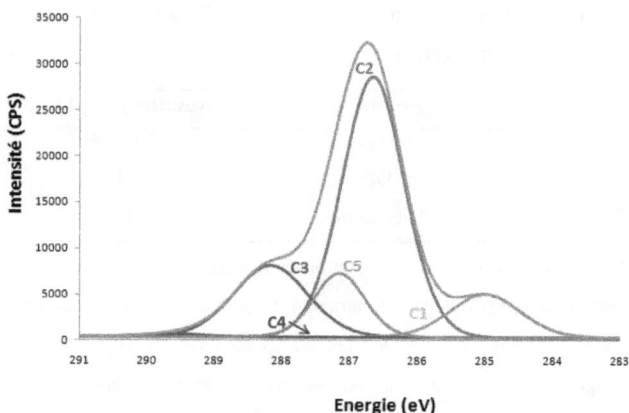

Figure 5.21   Spectres de déconvolution du carbone C1s de la pâte kraft

En poursuivant l'analyse XPS du spectre de déconvolution du C1s de la pâte kraft, on distingue cinq types de carbone. Le pic avec une énergie de liaison de 285 eV est caractéristique de la liaison aliphatique du carbone (C-C/C-H) et constitue 10,96 % de l'aire totale sous le pic de l'aire du carbone C1s, le pic à 286,66 eV est caractéristique des alcools et éthers (C-O ; C-OH) et constitue 57,75 % de l'aire totale sous le pic du carbone C1s. Puis le pic à 287,15 eV est caractéristique des liaisons carbonyle (C=O) et constitue 11,68 % de l'aire sous le pic du carbone C1s. De plus le pic à 288,16 eV est caractéristique des liaisons acétals O-C-O et constitue 18,94 % de l'aire sous le pic du carbone C1s. Enfin le pic à 289,62 eV est caractéristique de la liaison ester O-C=O et constitue 0,63 % de l'aire sous le pic du carbone C1s. Ce dernier pic peut être attribué à l'oxydation des fonctions hydroxyle (-OH) suite au processus de blanchiment de la pâte kraft.

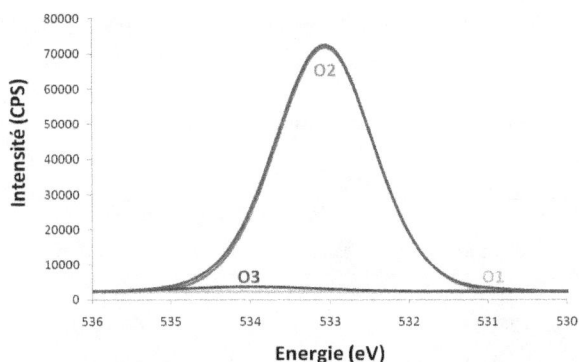

Figure 5.22   Spectres de déconvolution de l'oxygène O1s de la pâte kraft

D'autre part, l'analyse XPS du spectre déconvolué de l'oxygène O1s de la pâte kraft nous laisse entrevoir trois types d'oxygènes différents. Le pic à 530,95 eV est caractéristique des liaisons carbonyles (C=O ; O=C-O) qui constitue 0,49 % de l'aire sous le pic de l'oxygène O1s. Puis le pic à 533,06 eV est caractéristique des liaisons éthers, esters et alcools (C-OH; C-O-C; O=C-O) et constitue 96,77 % de l'aire sous le pic de l'oxygène O1s. Enfin le pic à 534 eV est caractéristique de l'oxygène chimisorbé et/ou de l'eau.

Le

Tableau 5.8 résume les spectres de déconvolution du carbone C1s et de l'oxygène O1s. Il identifie les énergies de liaisons associées aux types de liaison qui constituent la pâte kraft et donne les différentes proportions des éléments chimiques présents à la surface du papier fabriquée avec la pâte kraft. Il nous permet bien évidemment de confirmer la présence de la structure anhydroglucose que constitue la cellulose, qui est le principal composé constitutif de la pâte kraft.

En poursuivant l'analyse des produits de synthèse, nous avons procédé à l'analyse XPS de la pâte kraft phosphorylée selon les conditions de l'essai LG-P-9. Le spectre XPS du produit phosphorylée est présenté à la Figure 5.23. En plus des spectres de déconvolution du carbone C1s et de l'oxygène O1s, ceux du phosphore P2p et du calcium Ca2p ont été enregistrés et sont présentés aux Figures 5.22 à 5.25.

Tableau 5.8   Assignation des énergies des liaisons du carbone C1s et de l'oxygène O1s

	Pâte kraft non modifiée			
	Position	FWHM	Assignation	Surface (%)
C1	285	1,237	C-C; C-H	10,96
C2	286,66	1,071	C-O ; C-OH	57,75
C3	288,16	1,281	O-C-O	18,94
C4	289,62	1,126	O-C=O	0,63
C5	287,15	0,884	C=O	11,68
O1	530,95	0,873	C=O ; O=C-O	0,49
O2	533,06	1,441	O-C-O; C-O; C-OH ; O=C-O	96,77
O3	534	2,031	Oxygène chimisorbé et/ou eau	2,73

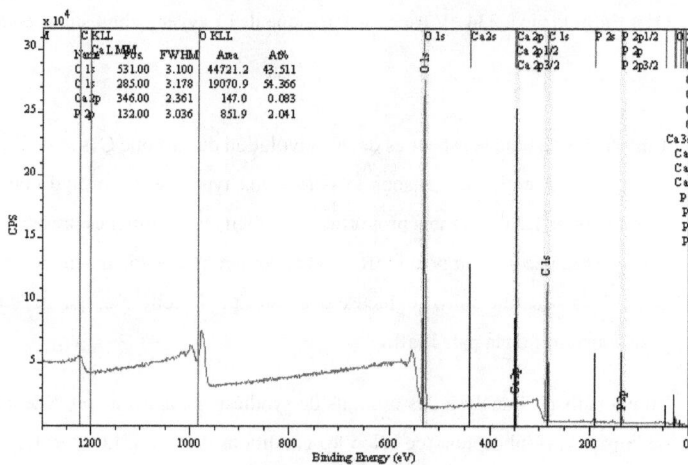

Figure 5.23   Spectre XPS de la fibre kraft phosphorylée

Le spectre XPS de la pâte kraft modifiée présente quatre pics qui sont caractéristiques du carbone C1s à 285 eV, de l'oxygène O1s à 531 eV; du phosphore P2p à 132 eV et du calcium Ca2p à 346 eV. Tous ces pics possèdent des aires sous leur pic respectif de 54,366 % pour le carbone, 43,511 % pour l'oxygène, 2,041 % pour le phosphore et 0,082 pour le calcium; ce qui permet de noter un rapport O/C de 0,8; P/C de 0,038; P/O de 0,045; Ca/P de 0,04; Ca/C de 0,0015 et enfin Ca/O de 0,0019. De ces résultats on note déjà la présence du phosphore et une augmentation du rapport O/C dans la pâte modifiée de 0,8 comparativement à la pâte kraft non modifiée qui est de 0,66. Cette augmentation du rapport O/C résulte de l'incorporation des nouveaux groupements phosphates sur la fibre. De plus on note la présence d'une impureté de calcium qui résulte certainement du calcium à l'état de trace contenu dans l'acide phosphorique à 85 % pur ou des impuretés de calcium contenues dans l'eau déminéralisée à l'état de trace. De cette première analyse on peut conclure que nous avons effectivement une fois de plus, réussi à greffer les groupements phosphates sur la pâte kraft.

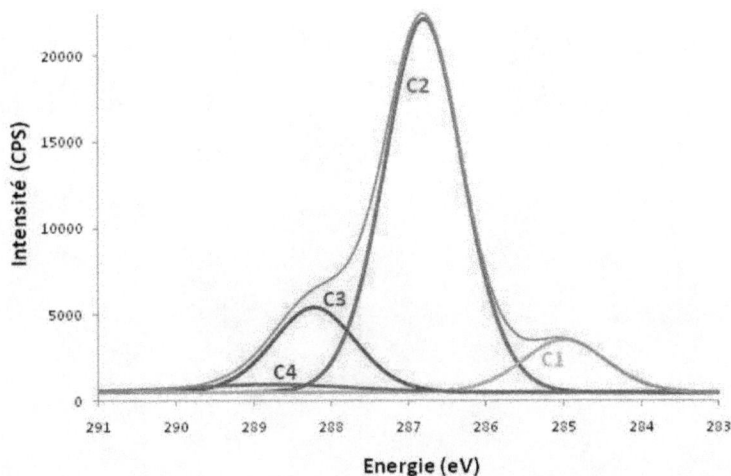

Figure 5.24   Spectres de déconvolution du carbone C1s de la fibre kraft phosphorylée

L'analyse XPS du spectre de déconvolution du carbone C1s (Figure 5.24) de la pâte kraft phosphorylée nous laisse observer quatre types de carbones différents dans la macromolécule. Le pic observé à 285 eV avec une aire sous son pic de 10,457 % est caractéristique des liaisons aliphatiques du carbone (C-C et C-H). Par contre le pic observé à 286,8 eV avec une aire sous son pic de 69,919 % est caractéristique des liaisons alcools, éthers et carbonyles (C-O, C-O-P, C-OH et C=O) contenues dans la molécule qui constitue la pâte kraft modifiée. De plus le pic observé à 288,23 eV avec une aire sous son pic de 16,657 % est caractéristique de la liaison acétal (O-C-O). Enfin le pic observé à 288,78 eV avec une aire sous son pic de 2,966 % est caractéristique des liaisons carboxyliques et esters (O=C-OH, O=C-O et O=C-OP). Le spectre de déconvolution du carbone C1s nous laisse entrevoir les différents types de liaisons du carbone avec les autres atomes constitutifs du composé. On peut donc noter la présence des nouvelles liaisons C-O-P et O=C-OP caractéristique du produit phosphorylé, comparativement au spectre de carbone C1s de la pâte kraft non phosphorylée.

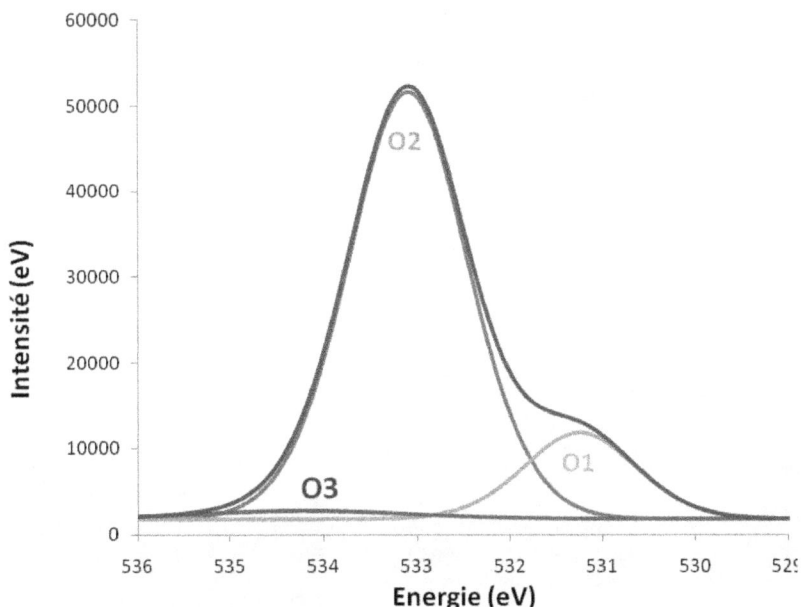

Figure 5.25   Spectres de déconvolution du l'oxygène O1s de la fibre kraft phosphorylée

D'autre part, l'analyse XPS du spectre de déconvolution de l'oxygène O1s (Figure 5.25) de la pâte kraft phosphorylée laisse entrevoir trois pics différents d'oxygène, ces pics sont caractéristiques des liaisons que l'oxygène forme avec les différents atomes constitutif de la pâte kraft modifiée. À cet effet, on peut observer un pic à 531,26 eV qui a une aire sous son pic de 15,642 % et est caractéristique des liaisons carbonyles et phosphoryle (C=O et P=O). Puis le pic observé à 533,1 eV et qui possède une aire sous son pic de 81,528 %, est caractéristique des liaisons alcools et éthers (P-OH, C-O-P, C-OH, C-O-C). Enfin le pic observé à 534,23 eV avec une aire sous son pic de 2,83 % est caractéristique des liaisons impliquant l'oxygène chimisorbé (émanant des groupes carboxyliques, esters et/ou l'eau). Cette analyse du spectre déconvolué de l'oxygène O1s nous permet de noter la présence de nouvelles liaisons P-OH, C-O-P et P=O dans le produit phosphorylée comparativement à la pâte non phosphorylée. Ceci permet de noter que les groupements phosphates sont liés de façon covalente à la pâte kraft. Donc nous sommes en présence d'un ester de phosphate de pâte kraft, plus précisément d'un ester de pyrophosphate de pâte kraft comme identifié précédemment.

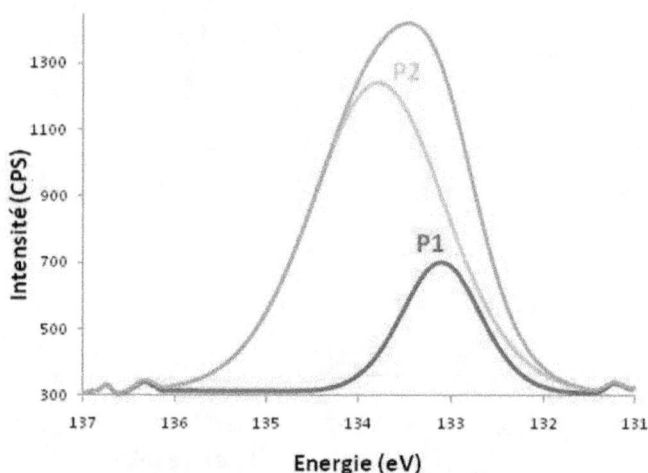

Figure 5.26   Spectres de déconvolution du phosphore P2p de la fibre kraft phosphorylée

Tous les spectres des échantillons phosphorylés révèlent généralement un seul pic P2p centré à 133,5 eV. C'est le pic correspondant à une largeur à mi-hauteur (FWHM) de 2,7 eV, comme il est observé à 133,45 eV, le pic de P2p apparait sous forme de doublet correspondant à P2p1/2 à 133,79 eV avec une aire sous sa courbe approximative de 80,084 % et P2p3/2 à une énergie de liaison de 133,11 eV avec une aire sous sa courbe approximative de 19,916 % étant donnée qu'il existe un épaulement entre les deux courbes. Ce pic a été attribué aux espèces de phosphates et peut résulter de différentes contributions : soit le pic à 133,11 eV aux groupes orthophosphates de la pâte kraft phosphorylée et aux espèces ioniques certainement adsorbées à la surface de la pâte kraft phosphorylée ($H_2PO_4^-$, HPO_4^{2-}, PO_4^{3-}) ; et à 133,79 eV à des groupes pyrophosphates de la pâte kraft ($PO_3O_{1/2}^{2-}$, $HPO_3O_{1/2}^-$, $H_2PO_3O_{1/2}$) confirmé en RMN-^{31}P par le pic à environ +10 ppm. Le spectre déconvolué du phosphore P2p confirme la présence du phosphore, donc des groupements phosphates, sur le produit de la réaction.

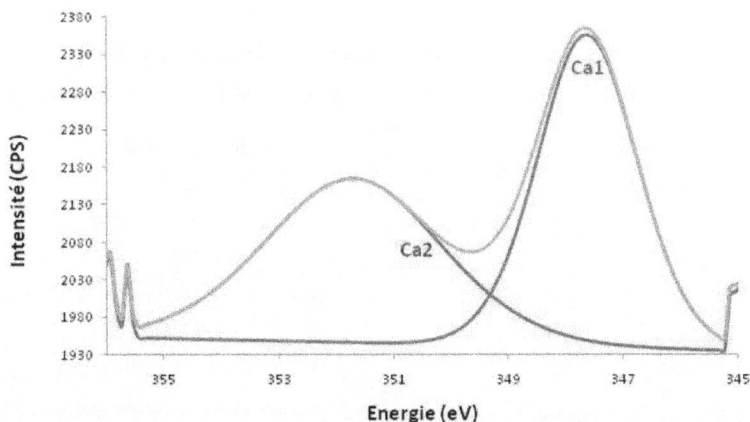

Figure 5.27   **Spectres de déconvolution du calcium Ca2p de la fibre kraft phosphorylée**

Au regard du spectre déconvolué du calcium, le pic du calcium laisse entrevoir un doublet Ca2p : Un pic Ca2p3/2 à 347,62 eV avec une aire sous sa courbe de 51,578 % et un pic Ca2p1/2 à 351,71 eV avec une aire sous sa courbe de 48,422 %. Ces positions d'énergies de liaison se trouvent dans l'intervalle habituel du calcium des phosphates.

En somme l'analyse XPS nous a permis de confirmer la structure d'ester de pyrophosphates de calcium de pâte kraft. Structure semblable à celle observée dans les échantillons d'hydroxyapatite de phosphates de cellulose.

Le Tableau 5.9 résume les spectres de déconvolution du carbone C1s, de l'oxygène O1s, du phosphore P2p et du calcium Ca2p. Il identifie les énergies de liaisons associées aux types de liaisons que constitue la pâte kraft phosphorylée et donne les différentes proportions des éléments chimiques présents à la surface du papier fabriqué avec la pâte kraft phosphorylée. Il nous permet bien évidemment de confirmer la présence de la structure anhydroglucose qui constitue la cellulose, qui est le principal composé constitutif de la pâte kraft mais également de confirmer la présence du phosphore et du calcium. Ce qui nous permet de confirmer la structure ester de phosphate calcique de pâte kraft (structure d'hydroxyapatite ou HAp). [25]

Tableau 5.9 Assignation des énergies des liaisons des carbones C1s, des oxygènes O1s, des phosphores P2p et des calciums Ca2p de la pâte modifiée

	Position	FWHM	Assignation des pics	Surf. (%)
C1	285	1,273	C-C; C-H	10,457
C2	286,8	1,201	C-O; C-O-P; C-OH; C=O	69,919
C3	288,23	1,25	O-C-O	16,657
C4	288,78	1,453	O=COP; O=C-O; O=C-OH	2,966
O1	531,26	1,428	C=O; P=O	15,642
O2	533,1	1,505	P-O; P-OH; C-O-P; C-OH; C-O	81,528
O3	534,23	2,716	Oxygène chimisorbé (carboxylique, ester) et/ou eau	2,83
P2p3/2	133,11	1	Espèces ioniques ($H_2PO_4^-$, HPO_4^{2-}, PO_4^{3-}) et	19,916
P2p1/2	133,79	1,696	groupes ortho et pyrophosphates de la pâte kraft ($PO_3O_{1/2}^{2-}$, $HPO_3O_{1/2}^-$, $H_2PO_3O_{1/2}$)	80,084
Ca2p3/2	347,62	2,033	$Ca^{2+}PO_3O_{1/2}^{2-}$, $Ca^{2+}HPO_3O_{1/2}^-$, $Ca^{2+}H_2PO_3O_{1/2}$	51,578
Ca2p1/2	351,71	3,644	$2Ca^{2+}PO_3^{2-}$ et/ou $Ca^{2+}PO_3^{2-}$ et/ou $Ca^{2+}HPO_3^-$	48,422

5.2.2.7 Évaluation des propriétés des matériaux fabriqués

Après avoir procédé à l'analyse quantitative en phosphore ainsi qu'à la mesure du DP par viscosimétrie, nous avons procédé aux analyses propres aux biomatériaux, à savoir la mesure d'angle de contact des matériaux, ainsi que la vitesse d'absorption d'eau des matériaux, puis à la mesure des propriétés de résistance à la flamme des matériaux et à l'analyse thermogravimétrique.

5.2.2.8 Propriété d'ultra-absorbance

Les résultats de la vitesse d'absorption de l'eau ainsi que la mesure de l'angle de contact sont présentés à la Figure 5.28.

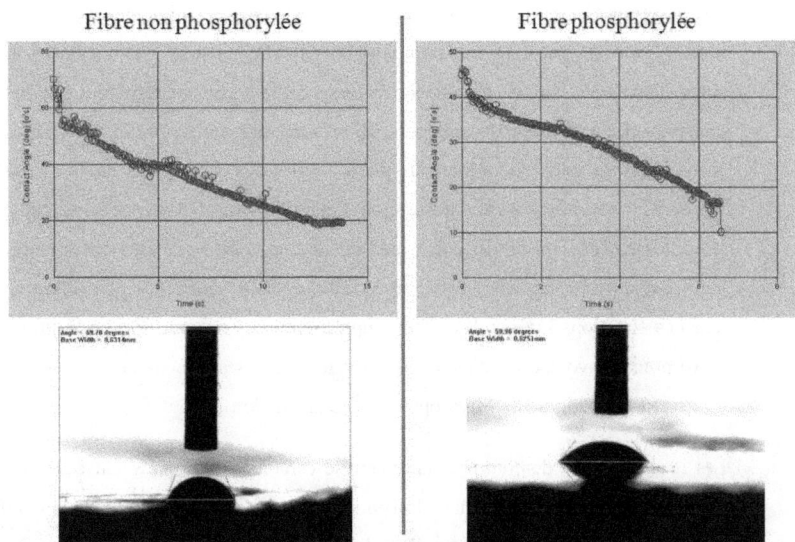

Figure 5.28   Mesures d'angles de contact et des vitesses d'absorption de la fibre kraft phosphorylée et de la fibre kraft non phosphorylée

Les mesures d'angle de contact sont généralement le moyen de déterminer l'énergie libre de surface des solides, en recourant à l'équation de Young, et en supposant que la surface est sensiblement proche d'un idéal. La rugosité est parmi les facteurs qui doivent être considérés avant d'utiliser l'équation de Young. L'effet de la rugosité sur les angles de contact a été largement reconnu pour affecter l'angle de contact et ainsi l'énergie libre de surface. De plus il a été démontré que la réaction de phosphorylation rend rugueuse la surface des matériaux. [55] En raison de la nature rugueuse des surfaces préparées, les énergies libres de surface ne seront pas déterminées car cela nécessite impérativement de prendre en compte l'effet de la rugosité. Dans la présente analyse, l'objectif principal des mesures d'angle de contact ou de la vitesse d'absorption de la goutte d'eau déposée à la surface du matériau est essentiellement d'évaluer les changements comparatifs dans le caractère hydrophile résultant de la phosphorylation de la surface des pâtes kraft modifiées. À cet effet, nous avons procédé aux analyses d'angle de contact et de vitesse d'absorption d'eau à la surface non seulement de pâte kraft phosphorylée mais aussi de la pâte kraft non phosphorylée pour des fins de comparaisons. Les résultats pour les mesures d'angle de contact par rapport à l'eau comme solvant montrent que la pâte non phosphorylée a un angle de contact de 70° et une vitesse d'absorption d'eau d'environ 13 secondes comparativement à la pâte phosphorylée qui présente un angle de contact plus bas de 51° avec une vitesse d'absorption d'eau d'environ 6,5 secondes, ce qui représente une vitesse d'absorption deux fois plus rapide que celle de la pâte kraft non phosphorylée. Ce comportement est justifié par le fait que les groupements phosphates qui apportent des fonctions hydroxyles (-OH) supplémentaires ont une forte affinité pour l'eau. Ainsi nous pouvons donc conclure que le greffage des groupements phosphates à la surface de la fibre augmente l'hydrophilicité de la pâte kraft.

Les résultats nous démontrent clairement le caractère hydrophile élevé de la pâte kraft phosphorylée. Mais ces résultats doivent être traités avec soin, car la rugosité influe également sur le dépôt de la goutte d'eau lors des mesures d'angle de contact. Bien que la rugosité à une influence sur la mesure d'angle de contact, retenez que les résultats restent néanmoins valides. Mais ils ne doivent pas être considérés comme absolus au sens strict. Pour obtenir des résultats absolus au sens strict, des mesures dynamiques d'angle de contact sur des surfaces lisses doivent être réalisées et la rugosité prise en compte, ainsi l'énergie libre de surface peut être calculée. Mais l'étude que nous faisons ici est juste à titre comparatif pour évaluer l'effet de la phosphorylation sur le comportement de la fibre phosphorylée et non phosphorylée vis-à-vis des solvants polaires. Également, les deux échantillons sont affectés par la rugosité, alors le comportement rugueux des deux échantillons ne devrait pas entraver l'étude faite ici.

Comme on l'a observé, la cinétique d'absorption a été accélérée (sinon doublée dans le cas présent) pour la pâte kraft phosphorylée. D'autre part, on remarque que, plus le degré de substitution de la pâte kraft phosphorylée est élevé, plus la cinétique d'absorption de l'eau est accélérée. De ce constat, nous pouvons assumer que la pâte kraft phosphorylée absorbe des quantités d'eau beaucoup plus élevées que la pâte kraft non phosphorylée. Le même constat a été observé dans une autre étude. [55] Il est important de noter que l'absorption d'eau est étroitement liée aux régions amorphes d'un matériau. Ainsi, on serait porté à croire que le processus de phosphorylation favorise l'augmentation du taux d'amorphe à cristallin, améliorant ainsi l'absorption d'eau. Mais les travaux de Granja et al. [55] ont démontré que l'augmentation de l'absorption d'eau peut être attribuée à une diminution de la cristallinité, car dans ses études sur la cellulose microcristalline, il a pu démontrer que le gonflement à l'eau des matériaux phosphorylés est supérieur à celui de la cellulose amorphe.

5.2.2.9 Résultats de l'analyse thermogravimétrique

La stabilité thermique de la pâte kraft non phosphorylée et de la pâte kraft phosphorylée a été examinée en utilisant l'analyse thermogravimétrique dans l'intervalle de température de 50 à 1000°C sous atmosphère d'azote à 200 ml/min à un taux de 20°C/min dans l'intervalle de 50 à 105°C. Après 15 minutes de maintien de la température à 105°C, le taux est passé à 5°C/min dans l'intervalle de 105 à 575°C, puis après 15 minutes de maintien à cette dernière température, toujours sous atmosphère d'azote, le taux est passé à 10°C/min dans l'intervalle de 575 à 1000°C avec un remplacement de l'azote par de l'oxygène à 200 ml/min. Le graphique de la dégradation du produit non phosphorylé est présenté à la Figure 5.29.

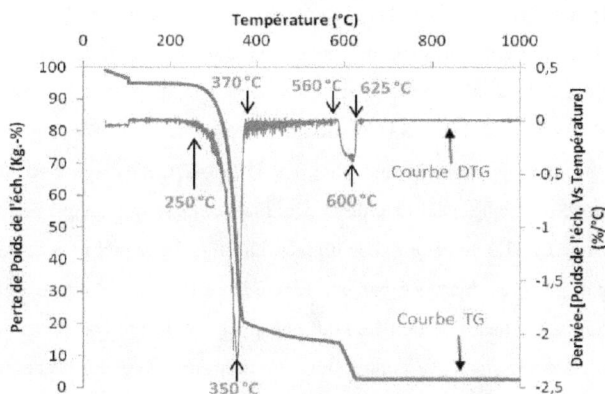

Figure 5.29   Courbe TG et DTG de la pâte kraft non phosphorylée

Au début de l'analyse, la masse de l'échantillon était de 11,348 mg. Une fois l'échantillon soumis au traitement de chaleur, on enregistre aux alentours de 110°C une perte massique 0,573 mg, qui représente 5,05 % de la masse initiale Cette perte peut être attribuée à la perte d'eau résiduelle contenue dans la pâte kraft. En poursuivant l'analyse, dans la région de températures allant de 110 à 350°C, on observe le début de la première étape de dégradation à 250°C. Aux environs de 350°C on enregistre une perte massique maximale de la pâte kraft de 8,477 mg, ce qui représente au final une perte massique de 79,75 % de la masse initiale. La température de 370°C marque la fin de la première étape de dégradation de la pâte kraft non phosphorylée. De plus aux environs de la zone de température allant de 350 à environ 550°C l'échantillon est stable, aucune perte n'est enregistrée. Mais à 560°C, le début de la deuxième étape de dégradation de la pâte kraft est noté, puis à 600°C on enregistre une autre perte massique maximale de 2,156 mg, correspondant à une perte massique totale de 98,79 % du poids de l'échantillon de pâte kraft. La température de 625°C marque la fin de la deuxième étape de dégradation de la pâte kraft. À cet effet, on peut considérer que presque la totalité de l'échantillon non traité a été consumée.

Le graphique de la dégradation du produit phosphorylée est présenté à la Figure 5.30. Au début de l'analyse, la masse de l'échantillon de 11,58 mg est soumise à un traitement de chaleur. Entre 0°C et 110°C, on enregistre une perte de la masse de l'échantillon de 0,218 mg qui représente une perte massique de 1,88 % de la masse initiale. Cette perte est attribuée à la perte d'eau libre contenue dans la pâte kraft phosphorylée. Dans l'intervalle de 110 à 345°C, on note la première étape de dégradation de la pâte kraft phosphorylée qui début aux environs de 250°C. Cette étape est marquée à 320°C par une perte massique maximale de la pâte kraft de 3,41 mg, ce qui représente une perte massique de 31,3 % de la masse initiale. La fin de cette première étape de dégradation de la pâte kraft est marquée par une température dans les environs de 340°C. Entre 340 et 550°C l'échantillon de pâte kraft phosphorylée demeure stable et aucune perte massique n'est enregistrée. Par contre à 560°C on observe le début d'une deuxième étape de dégradation du matériel intumescent. C'est à une température de 605°C que l'on enregistre une perte massique maximale du matériel intumescent de 1,62 mg qui est équivaut à une perte massique de 45,29 % du poids de l'échantillon de départ, ce qui représente presque la moitié de la masse de l'échantillon de départ. En laissant l'analyse se poursuivre jusqu'aux environs de 1000°C de température, on enregistre aucune autre perte de masse significative. On conserve alors au final une masse de 6,335 mg, qui représente 54,71 % de la masse initiale, alors on aurait perdu vraiment au final environ 45,29 % de la masse initiale. Ce qui montre qu'une bonne partie de la pâte kraft phosphorylée (environ 55%) résiste à la dégradation thermique comparativement à la pâte kraft non traitée qui est presqu'entièrement dégradée lors de ce processus. Bien que les températures de dégradation des deux matériaux ne diffèrent pas de façon significatives; ceci peut s'expliquer par le fait que le matériau en lui-même dans les deux cas reste un bon combustible mais que l'action des groupements phosphates est de ralentir la combustion par un effet de piégeage de l'oxygène. Le faible taux de perte de masse de l'échantillon de pâte kraft phosphorylée peut être attribué à une sorte de protection thermique du pyrophosphate de calcium (HAp) contenu dans le produit phosphorylé (principal produit de la réaction) et de l'orthophosphate de calcium (HAp) contenu dans le produit phosphorylée (produit minoritaire) selon notre analyse, car la structure de l'HAp ne commence à se dégrader qu'à environ 1300°C avec une perte relative de 5,84%. [56]

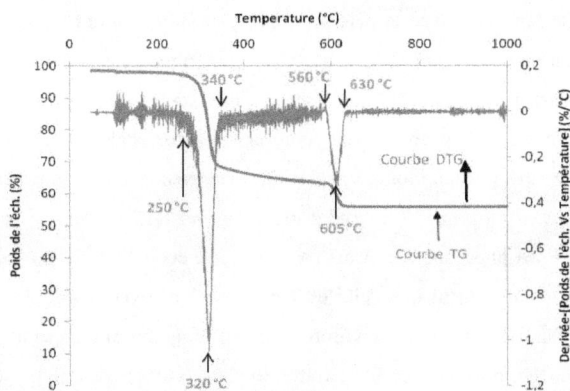

Figure 5.30   Courbe TG et DTG de la pâte kraft phosphorylée

5.2.2.10   Résultats du test de flamme

Le Tableau 5.10 résume les résultats obtenus lors du test de flamme de la feuille de formette dynamique fabriquée avec la pâte kraft phosphorylée.

Tableau 5.10 Résultats du test de flamme TAPPI 461-CM-09

	Pâte kraft non phosphorylée		
	Temps de flamboyance (s)	Temps d'incandescence (s)	Longueur de combustion (mm)
Moyen	5	6	CB*
Maximal	7	8	CB*
	Pâte kraft phosphorylée		
	Temps de flamboyance (s)	Temps d'incandescence (s)	Longueur de combustion (mm)
Moyen	5	<1	CB*
Maximal	7	1	CB*

*CB = Complètement brûlé

Au regard, des résultats du test de flamme sur les papiers fabriqués, on constate effectivement que les deux matériaux (feuille fabriquée avec la pâte kraft phosphorylée et la feuille fabriquée avec la pâte kraft non phosphorylée) ont complètement brulé, d'où le fait qu'on n'a pas pu relever une valeur numérique pour la longueur de char. De plus, on comparant les temps de flamboyance, temps où les deux échantillons de feuilles testées se sont enflammés après avoir retiré la source de chaleur, on ne constate aucune différence entre l'échantillon de papier fabriqué avec la fibre kraft non phosphorylée (5 secondes en moyenne; 7 secondes maximum) et l'échantillon de papier fabriqué avec la fibre kraft phosphorylée. Mais par contre, en comparant les temps d'incandescence, on constate finalement que celui du papier fabriqué avec la pâte kraft phosphorylée a été significativement réduit (environ 1 seconde maximum) comparativement à la feuille du papier fabriquée avec la fibre kraft non phosphorylée qui affichait un temps moyen de 6 secondes et maximal de 8 secondes. Cette différence constitue un bon départ pour les propriétés d'intumescence et est fort intéressante et très prometteuse. De plus, le résidu charbonné (estimé entre 30 et 35 % de la feuille testée) dans le cas de la feuille phosphorylée présenté à la Figure 5.31 démontre à l'effet de char comparativement à la feuille non phosphorylée qui ne présente aucun effet de char notable. Ce résultat peut s'expliquer par le fait que le phosphore rend l'oxygène moins disponible pour entretenir la combustion dans sa phase d'incandescence.

Une autre observation intéressante est faite dans la vidéo du test de flamme. L'échantillon de feuille phosphorylée brûle avec une flamme bleuâtre comparativement à la feuille non phosphorylée qui laissait entrevoir une flamme jaunâtre. Cette différence est due à la présence du lithium piégé dans la masse de la feuille, lithium qui est introduit certainement lors du processus de phosphorylation à l'étape de prétraitement du matériel cellulosique.

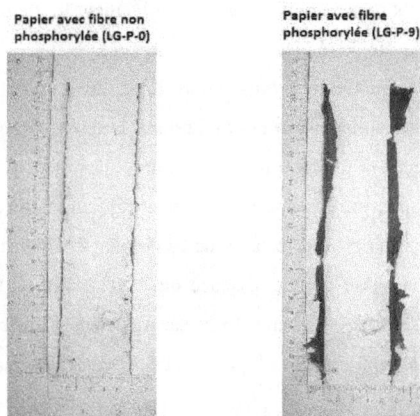

Figure 5.31   Résultats du test de flamme sur le papier fabriqué avec la fibre phosphorylée et la fibre non phosphorylée

En poursuivant l'analyse, nous allons essayer de comprendre la façon dont le RF peut interférer avec le processus de combustion, tel que décrit à la Figure 5.32 par le « triangle de feu » d'Emmons. [57] Tout d'abord, il faut retenir qu'il existe trois étapes dans le démarrage d'un feu : la première étape est le démarrage du feu par une source de chaleur, la deuxième étape est l'inflammabilité avec un matériau combustible et la troisième étape est la phase de décroissance. Par analogie, en comprend ici que la phase de démarrage correspondant à la phase avec le bruleur où le feu est allumé, ainsi la phase d'inflammabilité correspond à la phase de flamboyance qui a duré 5 et 7 secondes et enfin la phase de décroissance correspond à la phase d'incandescence qui a duré entre 6 et 8 secondes pour la feuille non phosphorylée et moins d'une seconde pour la feuille phosphorylée. On comprend aisément ici que le feu démarre avec une source d'allumage (bruleur : méthane ou propane) qui enflamme la feuille de papier (combustible). Alors le feu se propage et augmente la température environnante et dès que le papier est assez chaud et a généré assez de gaz inflammable, l'embrasement a lieu. Ensuite le feu décroit lorsque l'intégralité du papier combustible est consumé par le feu comme dans le cas de la feuille non phosphorylée ou par manque d'oxygène comme avec l'échantillon de feuille phosphorylée. En examinant attentivement le triangle de feu d'Emmons, on comprend qu'il existe deux façons d'empêcher un feu ou d'éviter la propagation du feu : soit en rendant le matériau moins combustible donc moins inflammable ou en rendant l'oxygène moins disponible pour entretenir le feu. Le phosphore a agi dans la feuille de papier de façon à rendre l'oxygène moins disponible pour entretenir la flamme mais comme le papier est un matériau facilement inflammable et peu énergétique, cela a suffi pour consumer la presque totalité de ce dernier. L'effet du phosphore s'est plus fait ressentir dans la phase de décroissance qui a été brève (le temps d'incandescence a duré moins de 1 seconde). Ce qui est très car on peut limiter le temps d'émission des fumées qui est une des causes de la plupart des décès ou de dommage aux bien.

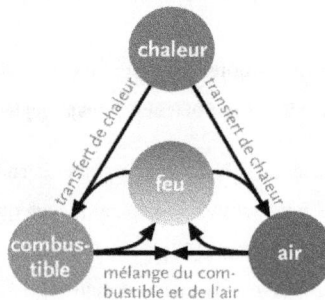

Figure 5.32   Triangle de feu d'Emmons

5.3 Résultats de la méthode 3

Le Tableau 5.11 présente, les résultats de la méthode 3, lors de la phosphorylation de la
pâte kraft avec les sels de sodium phosphates mono et dibasiques.

**Tableau 5.11 Résultats de la phosphorylation de la pâte kraft avec les sels conju-
gués d'acide phosphorique**

Essai	Dosage du P par ICP*	Phosphore	DS$_P$	DP	Rendement de la réaction
	(mg/kg d'éch)	(%)			(%)
LG-P-0				1501,1	
LG-P-7 pH=4	0,11	13,23	1,05	342,65	35,0
LG-P-7 pH=5	0,13	12,06	0,92	676,84	30,5
LG-P-7 pH=6	0,15	15,55	1,36	579,62	45,3
LG-P-7 pH=7	0,12	11,51	0,86	594,18	28,5
LG-P-7 pH=8	0,15	14,75	1,25	535,89	41,5
LG-P-8 pH=4	0,04	5,08	0,31	933,59	10,2
LG-P-8 pH=5	0,11	15,25	1,32	479,04	43,9
LG-P-8 pH=6	0,13	15,66	1,37	434,27	45,8
LG-P-8 pH=7	0,11	15,28	1,32	405,73	44,0
LG-P-8 pH=8	0,13	15,25	1,32	452,74	43,9
LG-P-11 pH=4	0,03	5,16	0,31	990,63	10,4
LG-P-11 pH=5	0,10	11,76	0,88	511,16	29,5
LG-P-11 pH=6	0,10	13,75	1,11	533,10	37,1
LG-P-11 pH=7	0,09	11,78	0,89	618,27	29,5
LG-P-11 pH=8	0,08	10,66	0,77	571,96	25,7
LG-P-13 pH=4	0,03	4,67	0,28	1041,53	9,3
LG-P-13 pH=5	0,090	12,90	1,01	586,10	33,7
LG-P-13 pH=6	0,08	11,47	0,85	605,42	28,4
LG-P-13 pH=7	0,10	12,51	0,97	512,03	32,2
LG-P-13 pH=8	0,11	14,01	1,15	473,90	38,3

Il est important de mentionner que la gamme de pH (4 à 8) utilisée dans cette étude pour les échantillons sélectionnés représente les pH des conditions initiales au début de chaque réaction; car à la toute fin de la réaction, les pH étaient généralement basiques (8 et plus), sauf dans les conditions de pH initial 4 où seule la base monosodique de l'acide phosphorique NaH_2PO_4 était utilisée et où le pH final plafonnait aux alentours de 6. Pour les conditions de pH 5 à 8, hormis la base monosodique qui était utilisée en quantité constante (soit 3,85 eq mol dans certains échantillons (LG-P-7) ou 0,7 eq mol dans d'autres cas (LG-P-8; LG-P-11 et LG-P-13), des quantités variables, entre 4 et 40 eq mol, de la base disodique (Na_2HPO_4) était ajoutées pour atteindre les conditions de pH escomptées.

Ainsi, comme on peut l'observer à la lumière des résultats du Tableau 5.11, à forte concentration de la base monosodique comme dans le cas des conditions des échantillons LG-P-7 et malgré les ajouts supplémentaires de la base disodique dans les conditions de pH 5 à 8, le pourcentage de groupements phosphates greffés sur la pâte kraft variait très peu ou presque pas. Ils se situaient dans l'intervalle de 12 à 15,5 %. Même lorsque près de 40 eq mol de Na_2HPO_4 ont été ajoutés au mélange réactionnel, aucun changement majeur en terme de greffage de groupements phosphates n'a été observé. Par contre, le DP a sérieusement baissé pour atteindre 343, soit un taux de coupure de 77,17 %, dans les conditions de pH initial 4, où seulement NaH_2PO_4 était utilisé; sans ajout de Na_2HPO_4. Mais lorsque la base disodique était ajouté en plus de la base monosodique, dans les conditions de pH de 5 à 8, le DP variait pour les différentes conditions de pH de 550 à 700; ce qui représente un taux de coupure de la fibre kraft de 63,4 % à 53,4 %. Au regard de ces résultats, on peut penser que l'ajout de base disodique a servi ici comme tampon afin d'éviter l'hydrolyse sévère de la fibre kraft due au caractère acide de la base monosodique de l'acide phosphorique.

De plus, dans les conditions de concentrations faibles et constantes de NaH_2PO_4 (0,7 eq) utilisé seul, tel que dans le cas des échantillons LG-P-8; LG-P-11 et LG-P-13 pour un pH initial de 4, on obtenait un taux de greffage en groupements phosphates quasi constant de 5 % pour les trois échantillons. À cette condition de pH, les trois échantillons laissaient observer un DP variant entre 950 et 1000 selon les conditions réactionnelles; ce qui re-flétait un taux de coupure relativement faible variant entre 36,7 % et 33,4 %. Ce qui est très intéressant pour nos applications en dépit du faible taux de greffage de 5 %. Mais lorsque des quantités variables (6 à 40 eq mol) de Na_2HPO_4, selon les conditions de pH de 5 à 8, étaient ajoutées aux 0,7 eq mol de NaH_2PO_4, on observait un doublement du taux de greffage des groupements phosphates sur la pâte kraft dans les trois échantillons (LG-P-8; LG-P-11 et LG-P-13), qui passait de 5 % à l'intervalle de 10 à 15 % selon les conditions réactionnelles et de pH. De plus ce doublement était accompagné d'une baisse de DP dans l'intervalle de 400 à 600; ce qui représente un taux de coupure de la fibre kraft de 73,4 % à 60 %. Ainsi on croirait ici qu'à faible concentration de NaH_2PO_4, Na_2HPO_4 agit comme un agent chaotropique rendant la pâte kraft plus poreuse, donc plus amorphe, grâce au phénomène d'hydrolyse alcaline, rompant une bonne partie des zones cristallines de la pâte kraft et permettant par conséquent aux réactifs de mieux diffuser dans la pâte et rendant l'accès aux sites réactionnels plus facile et améliorant d'autre part le taux de greffage des groupements phosphates sur la pâte.

En somme, cette étude nous a permis de constater le double rôle de Na_2HPO_4, en pré-sence d'une forte ou faible concentration de NaH_2PO_4. Mais pour des meilleurs résultats, il aurait fallu reconsidérer l'étude pour tout le design expérimental pour un jugement plus exhaustif. Mais à cause des quantités astronomique de Na_2HPO_4 (jusqu'à 40 eq mol dans certains cas) que cela requiert, nous n'avons pas jugé utile de poursuivre l'expérimentation.

Chapitre 6 - Conclusions et perspectives

En somme, dans les trois méthodologies employées pour modifier le matériel cellulosique (cellulose en poudre et pâte kraft) seule la méthode 2 a permis une étude plus élaborée du processus de phosphorylation. La méthode 1 n'a pas été exploitée davantage pour faute de résultats concluants (faible taux de greffage des groupements phosphates sur la fibre). Par contre les résultats avec la méthode 2 étaient fort intéressants et ont donné des résultats prometteurs. Mais concernant la méthode 3, par faute de temps et vu les quantités astronomiques de Na_2HPO_4 requises, dans la mesure où il fallait reconsidérer le design avec les deux bases conjuguées de l'acide phosphorique pour une étude plus exhaustive pour déterminer les optimums du procédé, nous n'avons pas poursuivi cette étude. Il faut retenir qu'au cours de cette étude, on a pu observer que Na_2HPO_4 jouait un double rôle : à forte concentration de NaH_2PO_4, il sert d'agent tampon, limitant ainsi l'hydrolyse sévère de la fibre due aux conditions acides et maintient un taux de greffage en groupements phosphates entre 10 et 15 %. Par contre, à faible concentration de NaH_2PO_4, le Na_2HPO_4 jouait un rôle d'agent chaotropique favorisant l'hydrolyse alcaline de la pâte kraft avec une diminution au 3/5 du DP, tout en favorisant un doublement du taux de greffage entre 10 à 15 %.

En considérant les résultats de la méthode 2, on peut conclure premièrement que le greffage de l'acide phosphorique sur la cellulose en poudre s'est réalisé avec succès. Mais la réaction de phosphorylation entraine une baisse considérable du degré de polymérisation. De plus, grâce à la caractérisation des produits synthétisés par la FTIR, la RMN-^{13}C et la RMN-^{31}P, on a pu constater que le produit de la réaction était essentiellement le pyrophosphate d'ester de cellulose. D'autre part la RMN-^{13}C, nous a permis de confirmer l'absence de réaction d'amidation généralement observée lors du processus de phosphorylation en présence d'urée. L'étude des paramètres expérimentaux par modélisation nous ont permis d'identifier les paramètres affectant le DS_P et le DP et de noter qu'au final l'urée, bien que considérée comme une base faible, n'a aucun effet tampon sur le DP. Cette modélisation a également permis de déterminer les conditions optimales de la méthode.

Deuxièmement on peut également conclure que le greffage de l'acide phosphorique sur la pâte kraft selon les condition optimales du design expérimental ou les condition optimales du design « modifié » s'est poursuivi avec succès, en dépit toujours de la baisse considérable du DP comme dans le cas de la cellulose en poudre. De plus, la FTIR, la RMN-^{13}C, la RMN-^{31}P et la XPS ont permis non seulement d'identifier le produit principal de la réaction, le calcium pyrophosphate d'ester de pâte kraft, mais aussi de déterminer la composition élémentaire à la surface (10 nm) du produit final. L'absence de toute réaction d'amidation a été confirmée par RMN-^{13}C. Puis l'évaluation des propriétés physico-chimiques et optiques des feuilles fabriquées avec la pâte modifiée a montré que le processus de phosphorylation diminue de façon générale les propriétés physico-chimiques et optiques du papier. Ainsi cette diminution varie avec la hausse du DS_P et une baisse du DP. À cet effet, une limitation de la coupure de la fibre est cruciale afin de préserver ces propriétés.

Considérant les résultats obtenus sur la pâte kraft, comparativement à la cellulose en poudre, nous avons jugé utile d'entreprendre une étude comparative de certains échantillons (à certaines conditions) sur les deux matériaux afin de déterminer le degré de transposition des conditions utilisées sur la cellulose poudre, comme matériau modèle, sur la pâte kraft. Il a ressorti de cette étude qu'effectivement la réaction de phosphorylation de la cellulose n'est pas directement transposable à la pâte kraft, au regard des résultats. Il est donc recommandable, à cet effet, de reconsidérer le design expérimental pour la fibre.

D'autre part, des études sur l'hydrophilie de la fibre phosphorylée ont été réalisées. Bien que les résultats ne doivent pas être considérés de façon absolue à cause de la rugosité de la surface, les mesures ont néanmoins permis d'observer que le greffage des groupements phosphates sur la fibre kraft augmente l'hydrophilie de la fibre car il a permis une diminution de près de 30 % de l'angle de contact avec une augmentation de près de la moitié de la vitesse d'absorption de l'eau par la fibre phosphorylée. De plus de ces résultats, on a pu prendre pour acquis que la pâte kraft phosphorylée absorbe des quantités d'eau beaucoup plus élevées beaucoup plus rapidement que la pâte kraft non phosphorylée. Car, plus le taux de greffage était élevé, plus la cinétique d'absorption de l'eau était accélérée.

Enfin, nous avons terminé cette étude par l'évaluation de la dégradation thermique par TG du matériau fabriqué, ainsi que son comportement au feu par un test de flamme approprié. Les résultats de la TG nous ont permis d'observer qu'aucune différence significative dans les températures de dégradation des deux matériaux (pâte kraft phosphorylée et non phosphorylée) n'était observé. Mais par contre, la perte massique était significativement différente car seulement environ 45 % de la masse initiale de la pâte kraft phosphorylée était dégradée comparativement à presque 99 % de la masse initiale de la pâte kraft non phosphorylée. Ceci nous a permis de conclure que, bien que le matériau reste combustible, la présence du phosphate ralentit la combustion par un effet de piégeage de l'oxygène. D'autre part, le comportement au feu de la pâte phosphorylée a montré qu'effectivement les groupements phosphates (pyrophosphates) agissent comme une sorte d'écran entre l'oxygène et le combustible (pâte kraft phosphorylée), piégeant ainsi l'oxygène et limitant par conséquent la combustion dans sa phase de décroissance, selon le « Triangle de feu » d'Emmons.

Au regard de tout ce qui précède, il serait préférable pour les perspectives à venir, de reconsidérer le design pour la fibre et de limiter l'utilisation de l'acide phosphorique à cause de son effet sur les propriétés physico-chimiques et optiques, résultant principalement d'une perte de DP. L'utilisation des polyphosphates d'ammonium et des RF organophosphorés peut être une alternative intéressante car ces derniers ont un effet double : RF et plastifiant. L'effet de plastifiant pourrait s'avérer un avantage sur le combustible et modifier son comportement au feu en plus de l'action des groupements phosphates sur le piégeage de l'oxygène.

Références

1. [En ligne, consulté le 11 février 2013] http://affaires.lapresse.ca/finances-personnelles/plus-value/201110/28/01-4462315-bourse-lindustrie-papetiere-et-forestiere-entre-larbre-et-lecorce.php.

2. N. Joly, *Synthèse et caractérisation de nouveaux films plastiques obtenus par acylation et réticulation de la cellulose*, Thèse de Chimie Appliquée : chimie des substances naturelles, Université de Limoges, France, 2003

3. T. Heinze et T. Liebert, *Unconventional methods in cellulose functionalization,* Prog. Polym. Sci., 26 : 1689-1762 (2001).

4. D. Klemm, B. Philipp, T. Heinze, U. Heinze et W. Wagenknecht, *Comprehensive Cellulose Chemistry*, Volume 2, Éditions Wiley-VCH (2001).

5. G. P. Touey, *Preparation of cellulose phosphates*, Eastman Kodak Company, Rochester, New York, U.S. Patent 2,759,924 (1956).

6. P. L. Granja, L. Pouységu, M. Pétraud, B. De Jéso, C. Baquey et M. A. Barbosa, *Cellulose Phosphates as Biomaterials. I. Synthesis and Characterization of Highly Phosphorylated Cellulose Gels*, J. Appl. Polymer Sci., 82 : 3341-3353 (2001).

7. P. L. Granja, B. De Jéso, R. Bareille, F. Rouais, C. Baquey, M. A. Barbosa, *Cellulose phosphates as biomaterials. In vitro biocompatibility studies,* Reactive and Functional Polymers. 66 : 728-739 (2006).

8. R. Jayakumar, T. Egawa, T. Furuike, S. V. Nair et H. Tamura, *Synthesis, Characterization, and Thermal Properties of Phosphorylated Chitin for Biomedical Applications,* Polymer Engineering and Science, 49 : 844-849 (2009).

9. Nehls I., Loth F., *^{13}C-NMR-spectroskopische Untersuchungen zur Phosphatierung von celluloseproducten im System H$_3$PO$_4$/Harnstoff*, Acta Polymerica, 42 : 233-235 (1991).

10. N. K. Yurkshtovitch, T. L. Yurkshtovich, F. N. Kaputskii, N. V. Golub, et R. I. Kosterova, *Esterification of viscose fibre with orthophosphorique acid and study of their physicochemical and mechanical properties*, Fibre Chemistry, 39 (1) : 31-36 (2007).

11. F. N. Kaputskii, N. K. Yurkshtovich, T. L. Yurkshtovich, N. V. Golub, and R. I. Kosterova, *Preparation and Physicochemical and Mechanical Properties of Low-Substituted Cellulose Phosphate Fibers*, Macromolecular Chemistry and Polymer Materials, Zhurnal Prikladnol khimit, 80 (7) : 1165-1169 (2007).

12. L. J. Bernardin, *Absorbent Fiber Products From Phosphorylated Cellulose Fibers and Process Therefor*, Appleton Wis, Kimberly-Clark Corporation, Neenah Wis, U.S. Patent 3,658,790, April 1972.

13. I. N. Ermolenko, E. D. Buglov, and I. P. Lyubliner, *New Fibre Sorbents for Medical Applications* [in Russian], BGU, Minsk (1978), p. 216.

14. C. V. Lagier, M. Zuriaga, Gustavo Manti and Alejandro C. Olivieri, *Urea-Phosphoric Acid Complex Studied, by Variable Temperature ^{31}P NMR Spectroscopy and Semiempirical Calculations*, J. Phys. Chem. Solids, 57 (9) : 11383-1190, (1996).

15. J. W. Kim, Y. M. Cho, and M. J. Choi, *Synthesis and Electrorheology of Phosphate Cellulose Suspensions*, Intern. J. Modern Phys., 16 (7) : 2487-2493 (2002)

16. M. R. Mucalo, Katsuya Kato, Yoshiyuki Yokogawa, *Phosphorylated, cellulose-based substrates as potential adsorbents for bone morphogenetic proteins in biomedical applications: A protein adsorption screening study using*

cytochrome C as a bone morphogenetic protein mimic, <u>Colloids and surface B :</u> <u>Biointerfaces</u>, 71 (1) : 52-58 (2009).

17. M. R. Mucalo, Y. Yokogawa, Y. Kawamoto, F. Nagata, K. Nishizawa, T. Suzuki, *Further Studies of Calciums Phosphates Growth on Phosphorylated Cotton Fibres*, <u>J., Mater. Sci. Mater. Med.</u>, 6 : 658-669 (1995).

18. Y. Yokogawa, J. P. Reyes, M. R. Mucalo, M. Toriyama, Y. Kawamoto, T. Suzuki, K. Nishizawa, F. Nagata, T. Kamayama, *Growth of Calcium Phosphate on Phosphorylated Chitin Fibers,* <u>J. Mater. Sci. Mater. Med.</u>, (1997) 0957-4530.

19. S. S. Arslanov, G. R. Rakhmanberdiev, T. M. Mirkamilov, F. Abidova, *Particle Suspended Electrorheological and Polymer/Clay Nanocomposite Systems*, <u>Russian</u> <u>J. Appl. Chem.</u>, 68 (2) : 444 (1996).

20. Seong G. Kim, Hyoung J. Choi, Myung S. Jhon, *Preparation and Characterization of Phosphate Cellulose-Based Electrorheological Fluids*, <u>Macromol. Chem.</u> <u>Phys.</u>, 202 (4) : 521-526 (2001).

21. S. G. Kim, J. W. Kim, W. H. Jang, H. J. Choi, M. S. Jhon, *Electrorheological characteristics of phosphate cellulose-base suspensions*, <u>Polymer,</u> 42 : 5005-5012 (2001).

22. Zhi Wei Pan, Yan-Li Shang, Jun-Ran Li, Song Gao, Yan-Li Shang, Juan Wang, Shao-Hua Zhang, Yuan-Jing Zhang, *A new class of electrorheological material : synthesis and electrorheological performance of rare earth complexes of phosphate cellulose*, <u>J. Mater. Sci.</u>, 41 : 355-362 (2006).

23. Tatsuya Oshima, Kanya Kondo, Keisuke Ohto, Katsutoshi Inoue, Yoshinari Baba, *Preparation of phosphorylated bacterial cellulose as an adsorbent for metal ions*, <u>Reactive & Functional Polymers</u>, 68 (1) : 376-383 (2008).

24. D. M. Suflet, G. C. Chitanu, V. I. Popa, *Phosphorylation of polysaccharides : New results on synthesis and characterisation of phosphorylated cellulose,* Reactive and Functional Polymers, 66 : 1240-1249 (2006).

25. Y. Z. Wan, Y. Huang, C. D. Yuan, S. Raman, Y. Zhu, H. J. Jiang, F. He, C. Gao, *Biomimetic synthesis of hydroxyapatite/bacteria cellulose nanacomposites for biomedical applications,* Materials Science and Engineering, C 27 : 855-864 (2007).

26. J. C. Fricain, P. L. Granja, M. A. Barbosa, B. De Jéso, N. Barthe, C. Baquey, *Cellulose Phosphates as Biomaterials. In Vivo Biocompatibility Studies,* Biomaterials, 23 (4) : 971-980 (2002).

27. Vigo, T.L., and C. M. Welch, *Recent advances in the reaction of cotton,* Textilveredlung, 8 : 93-97 (1973).

28. Wagenknecht W., Philipp B., Scleicher H., *Zur Veresterung und Auflösung der Cellulose mit Säureanhydriden und Säurechloriden des Schwefels und Phosphors,* Acta Polymerica, 30 (2) : 108-112 (1979).

29. Zeronian S. H., Adams S. A., Alger K., Lipsha A. E., *Phosphorylation of cellulose : Effect of the reactivity of the starting polymer on the properties of the phosphorylated product,* Journal of Applied Polymer Science, 25 : 519-528 (1980).

30. Davis F. V., Findlay J., and Rogers E., *The Urea-Phosphoric Acid Method of Flameproofing Textiles,* Journal of the Textile Institute Transactions, 40 (12) : T839-T854 (1949).

31. A. C. Nuessle, F.M. Ford, W.P. Hall and A.L. Lippert, *Some Aspects of the cellulose-Phosphate-Urea Reaction,* Textile Reseach Journal, 1956; 26; 32

32. Coppick S., Hall W. P. And Inlittle R. W., *Flameproofing Textile Fabrics*, edited by Little, A.C.S. Monograph N° 104, Reinhold Publishing Corp., New York, pp.188-189 (1947).

33. B. Kh. Ubaidullaev, A. M. Kudratov, and Z. S. Salimov, *Preparation and Ion-Exchange Properties of P-Containing Cellulose Derivatives from Certain Plant Species*, Chemestry of Natural Compounds, 40 (4) : 410-411 (2004).

34. I. Kh. Khakimov and B. E. Geller, *Chemical Transformations of cellulose* [in Russian], Fan, Tashkent (1976).

35. [En ligne], http://www.cpisc.ca/fr/index.cfm (consulté le 11 mars 2011), Conseil Sectoriel de l'imprimerie du Canada

36. Sean Smith, *The Print and Production Manual Pira International*, 10th éd., 2005,.

37. T.G. Waech, *Linting reduction by high temperature calandering*, Pulp and Paper Canada, 93 (10) : T284-287 (1992).

38. François Brouillette, *Relative efficiency of lint reduction additives in the production of SCB paper-Pilot Papermachine trial*, ATIP Rev., 64 (2): 13-19 (2010).

39. Jean Brossas, *Les retardateurs de flammes*, Technique de l'ingénieur, traité plastiques et composites, AM 3 237, 1999.

40. N. Gospodinova, A. Grelard, M. Jeannin, G. C. Chitanu, A. Carpov, V. Thiéry and T. Besson, *Efficient solvent-free microwave phosphorylation of microcristalline cellulose*, Green Chemistry, 4 (3) : 220-222 (2002).

41. T. Malutan, C. Mocanu and S. Ciovica, *Synthesis and Characterization of New Cellulose Derivatives in a Dimethylacetamide/Lithium Chloride Homogeneous System*, Cellulose Chemistry and Technology, 42 (1-3) : 1-7 (2008).

42. Wan Rosli Wan Daud, Mohamad Haafiz Mohamad Kassim and Azman Seeni, *cellulose phosphate from oil palm biomass as potentials biomaterials*, BioRessources 6 (2) 1719-1740 (2011).

43. [En ligne], http://fr.wikipedia.org/wiki/Résonance_magnétique_nucléaire (consultée le 31 janvier 2012), WIKIPEDIA.

44. [En ligne] http://fr.wikipedia.org/wiki/Spectrometrie_photolectronique_X, (Consulté le 09 décembre 2012), WIKIPEDIA.

45. Hassine Bouafif, *Thèse : Effets des caractéristiques intrinsèques des fibres de bois et des procédés de mise en forme sur la performance des matériaux composites bois/thermoplastique*, Université du Québec À Montréal, Decembre 2009

46. Mandy Gnauck, Evelin Jaehne, Thomas Blaettler, Samuele Tossati, Marcus Textor, and Hans-Juergen P. Adler, *Carboxy-Terminated Oligo(ethylene glycol)-Alkane Phosphate: Synthesis and Self-Assembly On Titanium Oxide Surfaces*, Langmuir, 23, 377-381, 2007.

47. Fahim Méziane, *Mémoire : Propriétés thermiques des lamelles de bois traitées par des agents de retardement de feu*, Université du Québec en Abitibi-Temiscaminque, Decembre 2011.

48. D. Klemm, B. Philipp, T. Heinze, U. Heinze et W. Wagenknecht, *Comprehensive Cellulose Chemistry*, Volume 1: Fundamentals and Analytical Methods, éditions Wiley-VCH 2001.

49. Scandinavian pulp, paper and board test Committee (1988), *Viscosity in cupriethylenediamine solution*, Methode SCAN-CM 15 : 88.

50.   Jan-Erik Levlin and Liva Söderhjelm, *Pulp and Paper Testing*, Papermaking Science and Technology, Book 17, 1999,   the series ISBN 952-5216-00-4 or ISBN 952-5216-17-9 (book 17)

51.   M. Zenkiewicz, *Methods for the calculation of surface free energy of solids*, Journal of Achievements in Materials and Manufacturing Engineering, Vol. 24, Issue 1, 2007.

52.   By technical committee of TAPPI association, *«Flame resistance of treated paper and paperboard (1979, revised and reaffirmed in 2009)»*,   Methode TAPPI-461-CM-09

53.   Yu-Chin Li, Sarah Mannen, Alexander B. Morgan, SeChin Chang, You-Hao Yang, Brian Condon, and Jaime C. Grunlan, *Intumescent All-Polymer Multilayer Nanocoating Capable of Extinguishing Flame on Fabric*, Advanced Material, 2011, 23, 3926-3931.

54.   Denisa Hulicova, Mykola Seredych, Gao Qing Lu, N.K.A.C. Kodiweera, Phillip E. Stallworth, Steven Greenbaum, and Teresa J. Bandosz, *Effect of surface phosphorus functionalities of activated carbons containing oxygen and nitrogen on electrochemical capacitance*, Carbon, N Y. 2009 May, 47 (6) : 1576-1584.

55.   P. L. Granja, L. Pouysegu, D. Deffieux, G. Daude, B. De Jeso, C. Labrugere, C. Baquey et M. A. Barbosa, *Cellulose Phosphates as Biomaterials. II. Surface Chemical Modification of Regenerated Cellulose Hydrogels*, Journal of Applied Polymer Science, 82:3354-3365 (2001)

56.   D. Predoi, R.A. Vatasescu-Balcan, I. Pasuk, R. Trusca, M. Costache, *Calcium phosphate ceramics for biomedical applications*, Journal of Opto-electronics and Advanced Materials, 10 (8) : 2151 – 2155 (2008)

57. Retardeurs de Flamme, Les Questions les plus courantes, [EFRA-Association Européenne des Retardeurs de Flammes, janvier 2004, www.cefic-efra.com/faq]

www.ingramcontent.com/pod-product-compliance
Lightning Source LLC
Chambersburg PA
CBHW021108210326
41598CB00016B/1372